KB239406

커피향 가득한
길 위의 낭만

여 행,
커피에
빠지다

상상출판

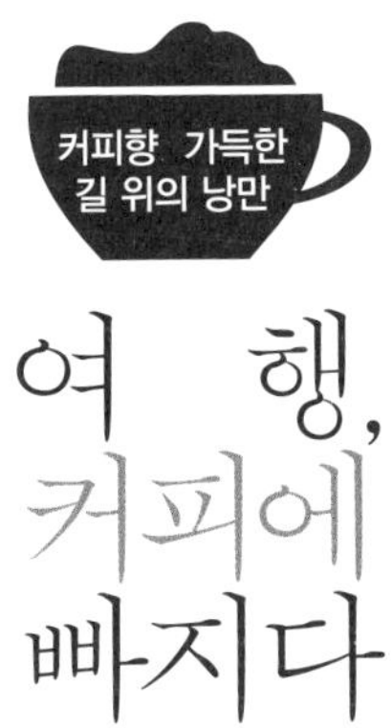

여 행,
커피에
빠지다

류동규 지음

Yemen
Papua New
Guinea

상상하라!
당신의 멋진
추억을

요즈음 먼 미래의 내 추억을 상상해 보는 재미와 커피에 빠져있다. 70, 80세 나이에 나는 과연 어떤 기억을 반추하며 살아가고 있을까 생각하는 것이다.

추억할 수 있다는 것은 인간만이 누릴 수 있는 특권이 아닌가 싶다. 이런 생각을 하다 보면 일도 정말 열심히 해야 되겠지만 아름다운 추억거리를 많이 만들면서 살아가야 될 것 같다. 특히 그 나이와 그 계절에 맞는 여행지가 있다. 지리산 종주를 70세가 넘어서도 할 수는 있겠지만 체력 때문에 쉽지가 않다. 그래서 나이에 맞는 여행을 하는 것이 그만큼 중요하다.

아무도 없는 산중에서 지난 2년을 반추해 본다.

정말 생각하기도 싫은 끔찍한 사고도 있었지만 그래도 행복하고 소중한 시간이 더 많았던 것 같다.

늘 다니던 여행이 조금은 무료해질 때쯤 사고를 겪었다. 어쩌면 운명처럼 그러한 일이 내게 일어난 것이다. 그때가 내 인생에서 가장 힘든 시기가 아니었나 싶다.

지금까지 살면서 단 한 번도 점집에 가 본 적이 없다. 아마 죽을 때까지 가지 않을 듯싶다. 하지만 솔직히 고백하자면 그때는 수십 번도 더 점을 치고 싶었다.

그즈음 구세주처럼 나타난 책이 하나 있다. 주역으로 점을 쳐서 먹고산 사람이 쓴

『주역강의』라는 책이다. 수많은 자기계발서가 있지만 이 책만큼 내가 처한 상황에 맞게 처방을 잘 해 준 책을 보지 못했다. 또한 전혀 다른 시각으로 아주 쉽게 주역을 풀어쓴 책이다. 한 페이지 한 페이지 읽으면서 정말로 많은 위안을 얻었을 뿐만 아니라 내가 가야 할 길을 재점검할 수 있었다. 가장 힘들 때 『주역』이라는 고전을 통해 버티고 견뎌내는 방법을 배웠던 것이다.

죽다 살아난 자전거 사고가 꼭 나쁜 추억만 가져다준 것은 아니었다.

태어나서 처음으로 링거라는 것을 팔에 꽂아봤다. 우스갯소리로 영양주사 한번 맞아 봐야 했는데 소원이 이루어졌다.

그리고 병원 옆에 있던 바리스타 학원이 운명처럼 내 눈에 들어왔다. 이때부터 정말로 커피에 미친 듯이 빠져버렸다. 무언가에 끌린다는 것은 그만큼 그 대상이 매력적이기 때문이다. 커피의 치명적인 유혹에 완전히 무장해제된 것이다.

바람 같은 여행자가 커피에 빠지고 나서부터 목적지가 조금씩 달라지기 시작했다. 맛있다고 소문났거나 공간이 멋진 커피하우스를 찾아다니기 시작한 것이다. 예전에는 생각할 수도 없었던 일이다. 하지만 커피 공부를 하면서부터 전국의 유명하다는 커피하우스는 웬만큼 가 본 듯하다. 또한 수없이 많은 커피를 마시면서 맛에 대해서도 조금씩 알아가기 시작했다. 어쩌면 남들보다 조금 더 많이 안다는 것이 처음에는 으쓱했는지도 모르겠다. 하지만 시간이 지나면 지날수록 깨닫게 됐다. 자기 입맛에 맞는 커피가 이 세상에서 가장 맛있고 가장 좋은 커피라는 것을…….
책을 준비하는 기간 동안 많이 배우고 행복했다. 보헤미안의 박이추 선생님처럼 하루하루 정말로 열심히 살아가는 커피 장인들을 보면서 많이 반성하기도 했다. 그러면서 나도 다시 부지런히 길을 떠나기 시작했던 것이다.

여행과 커피의 만남이다 보니 도시 위주로 여행기를 썼다. 도시 여행도 하면 할수록 볼거리가 많고 매력적이라는 것을 알게 됐다. 여행을 하다가 지치면 커피하우스를 찾기 시작한 것도 이때부터다.
사랑에는 이유나 논리가 없듯이 내 인생에 있어서 여행은 그냥 좋다. 어찌겠는가, 나에게 여행은 생각만으로 그냥 좋은 것이다. 준비할 때도 좋고 떠나서는 더더욱 좋다. 많은 시간이 지나서 그 여행을 추억할 때도 마냥 좋은 것이 여행이 아닐까 싶다.
이러한 여행에 슬며시 커피 하나가 끼어들었다. 여행자가 커피에 빠진 것이다.
여행과 커피를 통해서 인문학적 성찰을 하고자 했다. 어쩌면 여행과 한 잔의 커피를 통해서 내면의 사유가 깊어지고 좀 더 성숙해졌는지도 모르겠다. 부디 많은 사람들이 책에 나오는 여행지에서 토닥토닥 위안을 받고 한 잔의 커피를 마시면서 삶의 여유를 찾았으면 하는 바람이다.

이 책이 나오기까지 고생해 준 테마캠프 직원 및 가이드 그리고 내 소중한 가족에게 고맙다는 말을 전한다. 그리고 여행과 커피를 주제로 책을 내자고 했을 때 주저 없이 지지해 준 상상출판의 유철상 대표, 정말로 세세하게 일 잘하는 홍은선 에디터, 디자인을 멋지게 뽑아 준 박미영 씨까지 모두가 고마운 사람들이다.
끝으로 커피에 대한 글이나 생각들은 전문가가 아니기에 많이 미흡하리라 생각한다. 너그럽게 이해해 주면 좋겠다.

허륜산방에서, 류동규

CONTENTS

길 위에서 예술을 만나다
천안 아산 여행

천안과 아산만큼 급격하게 발전하고 있는 곳도 흔치 않다. 예로부터 교통이 좋아서 번성을 누렸던 곳이 천안이다. 더욱이 아산 탕정지구에 삼성이 들어오면서 두 배로 발전하고 있는 도시가 됐다. 상전벽해(桑田碧海)란 말이 딱 어울리는 도시가 아닌가 싶다. 지방의 한 도시가 성장하려면 큰 기업이 들어와야 된다는 논리가 그대로 적용된 셈이다.

사람으로 치면 배꼽 위치에 천안이 있다. 국토의 중심에 있기 때문에 이곳에 난리가 없으면 나라가 평화롭다고 한다. 수긍이 간다. 배꼽이 생기기는 우스꽝스럽게 생겼지만 정말로 중요한 부위가 아닌가 싶다. 어머니 뱃속에서 열 달을 있다가 세상에 나오면 처음으로 탯줄을 자른다. 이때의 시간이 사주명리학에서 이야기하는 태어난 시가 된다. 어머니 탯줄로부터 독립해서 우주 만물의 기운을 한순간에 받는 정말로 소중한 시간이다. 이 세상에서 그 누구도 내가 되어줄 수 없는, 진정 홀로 서는 순간인 것이다.

요즘 천안은 전철을 타고도 갈 수 있어 수도권에서 접근하기가 더욱 쉬워졌다.

Kiehl's
SINCE 1851
IT TONIGHT
RECOVERY CONCENTR
Kiehl's
COACH
NEW YORK
IN JUST
ONE NIGHT
에센셜 오일의 집중 영양·탄력 케어

이동 시간을 좀 더 단축하고 싶다면 서울역에서 KTX를 타면
된다. 참 빠르다. 자리에 앉아서 커피 한 잔 먹을 새도 없이
천안아산역에 도착하는 정도이다. 제일 끝 칸에 잘못 탄 사람
이 자기 자리 찾다가 천안에 도착했다는 우스갯소리가 맞는
말일 듯싶다.

천안을 찾기 위해 오랜만에 가족과 함께 기차를 탔다. 집
에서 싸온 간식을 다 먹기도 전에 목적지에 다다르자 아이들
이 아쉬워한다. 기차역에서 천안역까지는 전철로 이동했다.
여름이 아직 멀었는데 천안역 광장에 나가자 굉장히 덥다. 더
운 날씨를 피해 택시를 타고 천안 고속버스터미널까지 간다.

사람들이 천안에 뭐 볼 게 있냐고 묻는다. 맞는 말이기도
하다. 하지만 천안 생활권인 아산을 엮어서 코스를 짜보면 금
세 그 말이 무안해진다. 솔직히 천안만 보고 여행을 계획한다
면 볼거리가 없을 수도 있다. 미술 쪽에 전혀 관심이 없는 사
람이라면 더더욱 그렇다. 독립기념관이나 유관순 열사의 생
가, 교통의 요지 천안삼거리, 광덕사와 호두과자. 이 정도만
이야기해도 딱히 끌리지 않는 여행지인 것은 사실이다. 그런
데 왜 외국의 유명한 미술 잡지에서 한국에 가면 꼭 방문해야
될 도시로 천안을 꼽은 걸까? 의외라고 생각하는 이들도 많

을 것이다. 나도 처음에는 그랬다. 하지만 이 도시를 조금만 더 들여다보면 그 말에 공감할 수 있다. 특히 신부동 천안터미널 쪽에 가 보면 그 답이 나온다.

여기가 지방의 중소도시 맞아? 고급스러운 신세계 백화점, 고속버스터미널, 아라리오 갤러리가 나란히 자리를 잡고 있다. 또한 그곳에 위치한 광장에는 입이 떡 벌어질 만한 많은 예술 작품들이 전시되고 있다. 이름만 들어도 유명한 키스 해링(Keith Haring), 수보드 굽타(Subodh Gupta), 데미안 허스트(Damien Hirst) 등. 이것이 진정 세계적인 작가들의 진품이란 말인가!

처음 천안 아라리오 광장에 온 사람이라면 수십억 작품 앞에서 누구나 편안하게 담소를 나누고 있는 모습에 놀라게 된다. 나 또한 몇 년 전 그 광경을 보고 충격을 받았던 한 사람이다. 그때부터 김창일이라는 사람이 궁금해졌다. 대체 어떤 사람이기에 이렇게 비싼 작품들을 수많은 사람들에게 무료로 보여 주고 있는 걸까. 이번이 세 번째 천안 미술관 여행이지만 올 때마다 존경스럽다. 물론 작품이 커서 광장에 전시하는 것일 수도 있다. 하지만 수많은 사람들이 언제든지 감상할 수 있도록 길옆에 전시한다는 것은 분명 멋진 일이다.

예술에 대한 열정 하나만큼은 그 누구 못지않은 김창일. 알면 알수록 재미난 사람이다. 어머니가 물려주신 작은 터미널을 인수받아서 지금의 수천억 부를 일궜다고 한다. 터미널 매점을 직영으로 운영해서 큰돈을 벌기 시작했단다. 그 이후 미술품 수집에 발을 들여놓게 되었고, 현재 삼성가(家) 홍라희 여사와 어깨를 나란히 하

는 미술품 컬렉터가 되었다. 뿐만 아니라 씨킴(CI KIM)은 김창일의 작가명이다. 아리리오 광장에 전시돼 있는 빨간색 핸드백도 그의 작품이다. 갤러리 경영인의 위치에 있음에도 불구하고, 작가로서 끊임없이 노력하는 모습이 정말 대단하다. 그가 어떤 인터뷰에서 했던 말 때문에 더욱 괜찮은 사람으로 보였는지도 모른다. 기자가 물었다.

"당신의 꿈이 뭡니까?"

"내 꿈은 세계적으로 유명한 미술관에서 내 작품을 전시해 보는 겁니다."

멋진 열정이다. 돈도 많고 수많은 작품을 모은 킬렉터가 힘들고 고달픈 작품 활동을 한다는 것은 쉬운 일이 아니다.

가족과 함께 다시 찾은 아라리오 광장은 크게 변한 것이 없다. 택시가 건너편에 내려준 덕분에 아리리오 갤러리 건물이 한눈에 들어온다. 갤러리는 건물부터가 예사롭지 않다. 사각의 건축물에 사다리가 하늘을 향해 걸려 있다. 그 사다리를 타고 남자가 먼저 올라가고 있고, 여자 한 명이 뒤를 따른다. 요즘 시대에 부창부수(夫唱婦隨)는 힘들다는 표현인가? 베이징 금일미술관 꼭대기에 나란히 걸터앉은 사람들의 모형도 떠오른다.

입장료는 3,000원. 참 착한 가격이다. 입구를 들어서면 삶과 죽음을 노골적으로 보여주는 데미안 허스트의 조각품《찬가》가 왼쪽으로 서 있다. 학창시절 실험실에서 봤던 인체해부도를 확대해 놓은 것 같은 작품이다. 아마도 천안이 전국적으로 스타가 될 수 있었던 요인 중 하나가 데미안 허스트의 작품들 때문이 아닌가 싶다. 처음 수집했을 때보다 가격이 몇 십억이나 올랐기 때문에 다른 컬렉터들의 부러움을 산 것도 사실이다. 하지만 늘 이렇게 성공적인 투자만 있었겠

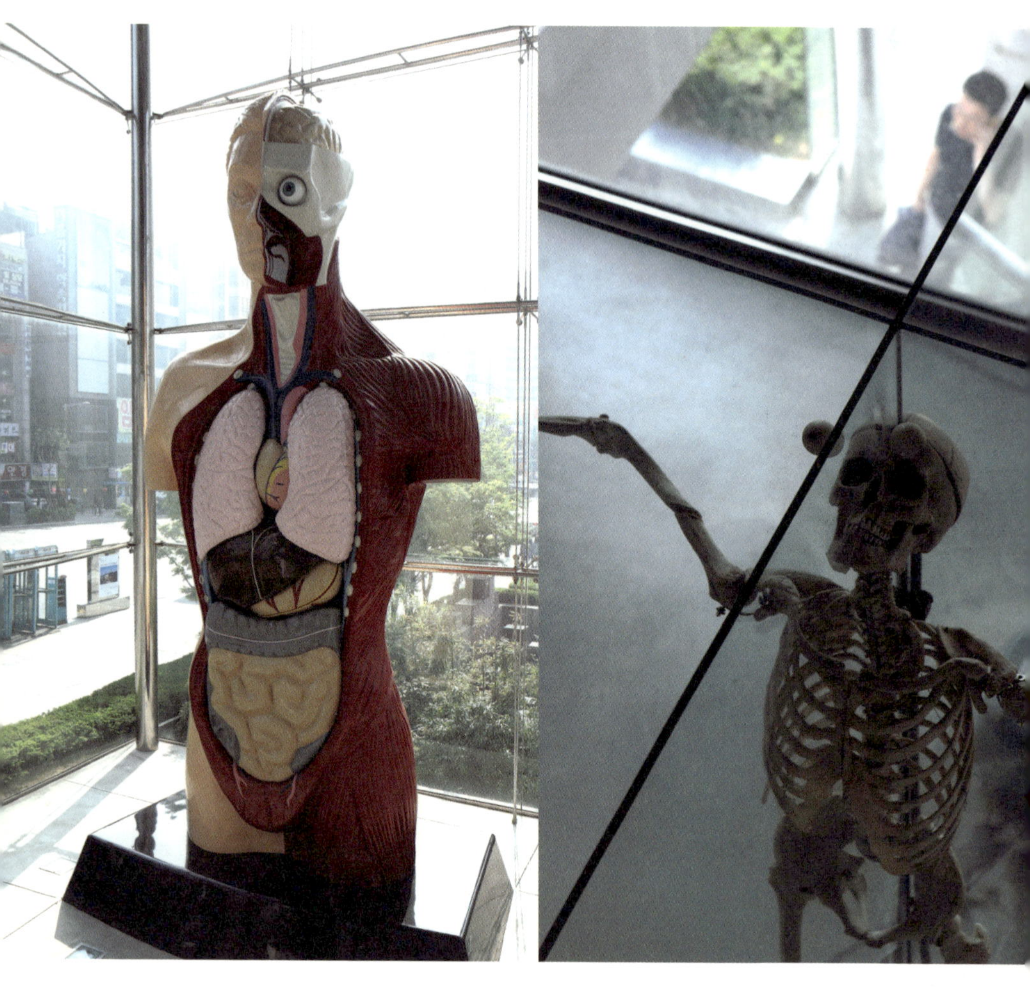

는가. 수많은 실패를 딛고 난 다음에야 이러한 성과가 나왔을 것이다. 계단을 오르다 보면 우리 아이들이 가장 좋아하는 예술 작품도 있다. 해골이 계단을 오르는 관람객을 쳐다보고 있는데, 눈알이 허공에 떠 있다. 대체 죽은 자가 뭐에 저리도 놀란 걸까? 데미안 허스트다운 작품이다. 웃음과 함께 그 창의적인 생각에 감탄이 절로 나온다.

최근 그림을 사는 사람들에게는 하나의 특징이 있다. 기본적으로 예쁜 그림을 선호한다는 것이다. 하기야 집안 거실에 큰맘 먹고 하나 걸어놔야 되는데 이왕이면

편안하고 아름다운 그림이 좋지 않겠는가. 컬렉터들의 취향에 맞추다 보니 작가들의 실험정신이 많이 약해졌다고 이야기하는 이들도 있다. 이 또한 맞다. 뭔가 불편함이 느껴지는 특이한 작품들도 나와 줘야 하는데 그러한 작가들이 흔치 않다. 그래서 데미안 허스트나 마크 퀸(Marc Quinn)의 작품들을 보면 번뜩이는 아이디어와 실험정신에 감탄하게 된다.

그러한 면에서 아이들과 함께 하는 미술관 여행도 추천할 만하다. 분명 아이이긴 하나 예술 작품을 보며 본능적으로 느끼는 게 많다. 이날은 마릴린 먼로를 즐겨 그리는 극사실주의 강형구 작가의 작품이 전시되고 있었다. 섹시한 마릴린 먼로를 잘 감상하고 다시 밖으로 나왔다. 본격적으로 아라리오 광장에 있는 작품을 감상하기 위해서다.

개인적으로 가장 인상적이었던 작품은 아르망 페르난데스(Armand Fernandes)의 《수백만 마일》로, 자동차 차축을 쌓아서 만든 거대한 탑이다. 여행을 하는 사람으로서 그 아이디어가 참 독창적으로 다가온다. 옛날로 치면 죽은 말 999마리를 박제해서 하늘로 쌓아 올려놓은 모양이다. 얼마나 많은 사람들의 추억을 쌓은 걸까. 인간의 희로애락으로 점철된 길 위의 추억이 켜켜이 쌓여 있다. 이러한 것이야말로 예술이 아

니고 무엇이란 말인가. 거리상으로 지구 수백 바퀴도 더 돌았을 저 폐 차축들을 보면서 내 여행 궤적을 떠올려 본다. 또한 신세계 백화점 앞에 있는 데미안 허스트의 소녀상은 가슴을 아프게 한다. 최근 우리나라에서 발생할 세월호 사건 때문에 더더욱 가련한 느낌으로 다가왔는지도 모른다.

김창일 작가에게 돈을 벌어다 준 터미널이 보고 싶어서 표지판을 따라 갔다. 하지만 내가 생각하는 터미널은 이곳에 없다. 호텔 로비나 백화점 입구처럼 보이는 세련된 입구가 터미널이란다. 오, 세상에! 이렇게 고급스러운 터미널이 대한민국에 또 있을까? 하기야 백화점과 함께 터미널을 쓰고 있으니 세련될 수밖에. 대합실이며 차를 타는 곳 모두가 깨끗하고 모던하다. 조선시대 같았으면 천안삼거리가 북적북적했겠지만 이제는 천안역과 터미널이 그 자리를 대신하고 있다.

공항, 기차역, 버스터미널. 이름만 들어도 가슴 뛰게 하는 단어들이다. 어린 시절을 떠올리면 공항이나 기차역보다는 버스터미널이 훨씬 친숙하고 추억이 많은 장소이다. 터미널의 퀴퀴하고 지저분한 풍경 또한 이제는 아련한 추억이 돼버렸다. 터미널에는 특유의 터미널 냄새가 있다. 주유소에서 기름을 넣을 때 나는 경유 냄새 같은데, 나는 그 냄새가 무척 좋다. 그 냄새를 맡으면 어디라도 떠날 수 있을 것 같은 막연한 환상이 있기 때문이다. 학창시절 차부로 가는 그 발걸음이 얼마나 가벼웠던가. 그립다. 촌스러운 터미널이 우리의 추억과 함께 휘발되는 것 같아 아쉽기만 하다.

백화점에 있는 운보찻집에서 팥빙수 한 그릇을 먹고 밖으로 나온다. 여전히 아라리오 광장에는 수많은 행인들이 무심히 작품 사이를 오가고 있다. 내가 작품이 되어 그들 속에 서 있어 본다. 간혹 외지에서 온 사람들이 귀한 작품 앞에서 사

진을 찍고 감상하는 모습이 보인다. 시민 곁에 늘 저렇게 서 있는 작품들이 있기에 천안 아라리오 광장, 스몰 시티가 빛이 나는 것이다.

미술 방면으로 꿈을 가지고 있는 사람이라면 꼭 한번 천안 여행을 계획해 보라고 하고 싶다. 천안 터미널을 정점으로 천안에서 가 볼 만한 여행지는 수도 없이 많다. 특히 우리나라 독립운동과 연계해서는 독립기념관이나 유관순 열사의 생가를 코스로 잡으면 무난하다. 인근의 아산지역은 외암리 민속마을, 맹사성고택, 온양온천, 도고파라다이스, 아산 레일바이크 등 수없이 많은 관광지가 있어서 어디를 가야 할지 고민스러울 정도다. 각자 취향에 맞는 관광지를 찾아서 떠나면 좋을 듯싶다.

기차 시간이 남아서 인근의 관광지를 찾다가 각원사라는 절로 향했다. 천안의 진산 태조산에 자리한 각원사는 개산조인 법인 주지 큰스님이 창건한 사찰이다. 1975

년 남북통일과 세계 평화를 기원하면서 청동대불을 봉안한 이래 엄청난 규모로 발전했다. 15m 높이와 60톤 무게의 청동대불과 우리나라 최대 규모 목조건축물인 대웅보전에 많은 사람들이 놀라워한다.

들어가는 입구에 아담한 저수지가 있다. 저수지 위쪽으로 난 계단을 올라가면 거대한 청동좌상이 보인다. 좌불을 감싸고 있는 뒤쪽 산들이 부드럽기 그지없다. 빙 둘러싸인 분지 형태에 각원사가 자리 잡고 있다. 청동좌불 오른쪽으로 거대한 크기의 대웅전이 내려다보인다. 언제부터 불사가 시작됐는지 궁금하던 차에 노스님이 꽃밭에 파란 조루로 물을 주고 있는 것이 보였다. 한눈에 예사 분이 아닌 듯하여 혹 주지

스님 아니시냐고 묻자 고개를 끄덕인다. 참 인자하신 상이다. 팔십이 넘은 나이에도 손수 화단을 가꾸는 스님이 존경스러웠다. 역사가 어떻게 되냐고 또 물으니 스님 당대에 이렇게 이뤘다고 한다. 단양 구인사가 생각이 났다. 참으로 대단하다. 옛날부터 절터가 있었던 것도 아닌데 어떻게 이처럼 큰 사찰을 이룰 수 있었던 것인지. 그 에너지는 과연 무엇이었을까?

각원사 주지 스님도 김창일 작가와 마찬가지였을 것이다. 일생 동안 수행을 하면서 지금의 사찰을 만든 것이다. 건축 또한 가장 큰 종합예술이라 하지 않던가. 우리는 흔히 역사가 짧은 절에 대한 선입견을 가지고 있다. 절은 무조건 오래되고 역사성이 깊어야 제맛이라 생각하는 것이다. 그렇지만 그러한 절도 1,000년 전에는 각원사처럼 처음 불사를 일으킨 신생 절이 아니었겠는가. 역사가 짧다고 무시할 게 아니라 스님들이 얼마나 애정을 담아 절을 가꾸고, 올바른 수행을 하는지가 더욱 중요한 것이다. 나 역시 이제부터는 시멘트 절이라고 해도 편견을 깨고 바라보려 한다. 사찰은 반드시 전통 그릇에 무언가를 담아야 한다는 생각에서 벗어나 좀 더 너그러워져야 될 듯싶다. 그 대신 주변 환경이나 조경, 그리고 전

체적인 수행자의 정신을 더욱 중요한 요소로 봐야 할 것이다.

각원사를 둘러보고 내려오는 길에 슬로우 커피에서 커피 한 잔을 마신다. 천안에 사는 대학 동창이 추천해 준 카페이다. 하얀색 외관이 마음에 들었다. 내부도 아주 깔끔하다. 오랜만에 동창을 만나서 학창시절 여행 이야기를 했다. 대학 소모임 멤버는 아니었지만 14박 15일 중국 배낭여행을 같이 한 동창이라 그때의 이야기로 시간 가는 줄 몰랐다. 누군가와 추억을 공유한다는 것만큼 유대관계를 끈끈하게 해주는 것도 없다. 시간을 거슬러 마치 학창시절로 다시 돌아간 듯 유쾌한 시간이었다. 커피 또한 그 친구만큼이나 깔끔했고 말이다.

여행을 마무리할 시간이다. 그래도 천안에 왔는데 호두과자를 사 가지고 가야 될 것만 같다. 여행할 때 휴게소 간식거리라 하면 뭐니뭐니해도 호두과자 아니겠는가. 아라리오 건너편 학화 호두과자 집에서 선물용으로 하나 샀다. 만약 천안아산역으로 가기 전에 시간이 된다면 천안 중앙시장에 들러도 좋을 듯싶다.

한 도시의 이미지가 굳어지는 요인들은 수없이 많을 것이다. 나에게 있어 천안은 예술을 사랑하는 도시로 기억될 것이다. 비록 한 사람의 노력으로 그러한 성과가 생겼다는 것이 아쉽기는 하지만 천안은 현대미술의 흐름을 느끼기에 딱 좋은 도시이다. 아무쪼록 씨킴이 미국의 메트로폴리탄 미술관에서 단독 전시회를 열 수 있는 날을 기대해 본다.

천안 슬로우 커피. 이름부터 여유롭게 마셔야 될 듯한 카페다. 이곳도 요즘 추세와 마찬가지로 1층은 바 형태의 바리스타 작업 공간이, 2층에는 테이블이 놓여 있다. 예쁜 펜션을 연상시키는 외관이 정감이 가는 카페로, 천안에 사는 대학 동창이 추천해 주었다. 솔직히 천안은 유명한 카페가 없지만 각원사를 찾는 여행자라면 한 번쯤 들러볼 만한 카페가 아닌가 싶다.

오랜만에 만난 동창도 커피를 무척 좋아한다고 했다. 예전에는 몰랐던 사실이다. 하기야 나도 최근에서야 커피에 빠진 것이지 대학 다닐 때는 전혀 관심이 없었다. 그때는 무조건 믹스커피가 최고이던 시절 아니었던가.

카페 내부가 심플하다. 화이트&블랙. 요즘 들어 아무런 장식이 없는 흰색 톤의 카페가 더 끌린다. 나이가 들수록 단순하고 절제된 게 훨씬 더 매력적으로 다가온다.

자리가 마땅치 않아서 바라스타가 드립하는 모습을 바로 앞에서 볼 수 있는 바에 앉았다. 커피를 배우러 다니기 시작하면서 혼자서 카페에 다닌 적도 많다. 그럴 때면 이렇게 바가 있는 카페가 편했던 것 같다. 식당에서 혼자 4인용 식탁을 차지하고 밥을 먹을 때면 왠지 미안하고, 빨리 먹어야 될 것만 같아서 불편하듯 말이다.

나는 예멘 모카커피를, 친구는 엘살바도르커피를 시켰다. 핸드 드립 전문 카페라 드립 기구들이 많았다. 처음 커피를 배울 때는 드리퍼에 종이 필터를 얹고, 서버에 커피를 내리는 퍼포먼스에 빠지기

01
천안 커피하우스
슬로우 커피

쉽다. 무언가에 집중해서 커피를 내리는 그 행위 자체가 근사해 보이는 것이다. 바에 앉으면 그러한 모습을 좀 더 가까이서 감상할 수 있다.

우선 커피를 그라인더에 간다. 보통 이때 핸드 드립하는 커피하고 에스프레소 기계에서 빠르게 추출하는 커피의 굵기가 다르다. 전자는 좀 굵게 가는 편이고, 후자는 밀가루처럼 아주 가는 입자로 간다. 어떻게 구멍이 나 있느냐에 따라서 칼리타 드리퍼와 멜리타로 나뉜다. 그래서 커피는 배우면 배울수록 재미있는 것이다. 아주 섬세하고 공정도 복잡하다. 드립도 드립이지만 로스팅으로 단계가 올라가면 더욱 어려워진다. 분쇄된 커피를 여과지가 깔린 드리퍼에 붓고 본격적으로 커피를 추출한다. 적당한 온도의 물을 붓는데, 이때 처음에는 조금만 물을 부어 30초 정도 뜸 들이는 시간이 필요하다. 커피를 불린 다음 다시 나선형으로 조심스럽게 물을 부으면서 커피를 추출하는 것이다. 가끔 드립하는 바리스타에게 말을 거는 경우가 있는데, 대개 집중해서 드립을 하기 때문에 말을 걸지 않는 것이 좋다.

능숙한 손놀림으로 보아 슬로우 커피의 바리스타는 베테랑인 듯해서 안심이 됐다. 간혹 드립을 잘 못하면 아주 형편없는 커피가 되는 경우도 있기 때문이다. 정성으로 농사를 지어 좋은 방법으로 정제를 하고, 훌륭한 로스터가 최상의 방법으로 원두를 볶아 카페로 배달해도 현장에서 커피를 내리는 바리스타가 커피를 잘못 추출해 버리면 한 잔의 커피는 망쳐지게 된다. 그래서 바리스타가 중요한 것이다.

5분여의 커피 내림이 끝나자 예쁜 커피 잔에 커피가 나왔다. 향이 좋다. 진하지만 그렇게 쓰지 않고 맛이 좋다. 내가 생각하는 맛있는 커피의 기준은

마시고 나서도 남아 있는 맛이 개운하고 깨끗한 커피이다. 이러한 커피는 제일 먼저 기분이 반응한다. 또한 입안도 텁텁하지 않고 상큼하다.

친구가 말한다. 커피 맛도 맛있지만 바리스타가 잘생기고 친절하다고. 그 말을 듣고 나서 유심히 그 바리스타를 살펴본다. 그래. 잘생겼네. 인정한다. 카페 이용객 통계를 보면 남자보다 여자가 훨씬 많다. 예외도 있기는 하나 남자는 술, 여자는 커피라는 공식이 어느 정도 맞지 않나 싶다. 그래서 카페를 경영하는 사장의 경우 남자 바리스타의 외모를 보지 않을 수 없다. 이왕이면 다홍치마라고 잘생기고 멋진 바리스타가 커피를 내려주면 훨씬 더 좋지 않겠는가. 물론 아무리 외모가 잘생겨도 친절하지 않으면 소용이 없지만 말이다.

오랜만에 만난 대학 동창과 나눈 학창시절 여행 이야기도 즐거웠고, 커피 맛도 만족스러워서 행복

했다. 친구는 집에서 내려 마신다고 원두를 한 봉지 샀다. 종종 분쇄해서 사 가지고 가는 사람도 있는데, 커피의 특성상 갈아버리면 커피향이 금세 없어지기 때문에 금방 먹을 수 있는 소량만 사 가는 것이 좋다. 그래서 집에 분쇄기가 있다면 원두로 사 가는 것이 훨씬 좋은 방법이다. 물론 원두도 1주가 지나면서부터 향이 급격하게 휘발되기 때문에 최대한 빨리 마셔야 질 좋은 커피를 즐길 수 있다. 간혹 2~3주 숙성돼야 더 맛있는 원두도 있지만 말이다.

여행과 커피, 참으로 잘 맞는 궁합이다. 오늘 친구와의 대화 주제도 여행과 커피였다. 모처럼 뜻이 맞는 동창과의 커피투어는 천안에서의 또 다른 추억을 만든 것 같아서 서울로 향하는 발걸음이 가볍기만 했다.

근대화 골목길 투어
대구 여행

근대 역사에서 대구와 광주만큼 많은 사람들에게 관심을 끈 도시가 또 있을까? 금방 떠오르는 다른 도시가 없다. 그만큼 대구는 영남을 대표하는 도시로, 광주는 호남의 맹주로 인식돼 왔다. 지역적 특성과 급변하던 근대 역사의 소용돌이 그 중심에는 언제나 대구와 광주가 있었던 것이다. 그러다 보니 본의 아니게 타 지역 사람들에게 괜한 선입견과 오해도 있지 않았나 싶다.

나 역시 대구의 속살을 몇 번에 걸쳐 보기 전까지는 막연한 편견을 가지고 있었다. '대구에 뭔 관광거리가 있나?' 이러한 생각들이 내 머릿속에 항상 있었던 것 같다. 하지만 최근 대구의 속살을 집중적으로 보게 된 후에는 이 같은 생각이 봄눈 녹듯 사르르 사라졌다. 그렇다. 대구는 가 보지 않고는 말을 해선 안 된다. 어딘들 그렇지 않은 곳은 없겠지만 특히 대구가 그렇다.

큰 언덕 대구는 사방 산으로 둘러싸인 분지도시이다. '푹푹 찌는', '능금의 도시', '아가씨들이 예쁜 도시' 등 수많은 수식어가 쌓여있지만 어느 것 하나 강렬하진 않았다. 하지만 이제 이러한 생각들은 서랍 깊숙이 넣어두고 새로운 것들로 채워야

할 것이다.

완연한 봄기운이다. 유난히 추운 겨울이었던 탓에 봄꽃이 늦게 필 줄만 알았는데, 벚꽃은 의외로 작년보다 일찍 필 듯하다. 남녘에는 이미 매화며 산수유가 만발했다. 아마 대구 언저리만 가도 봄꽃을 볼 수 있을 듯하다.

주말이었지만 차가 그리 많지 않다. 중부내륙고속도로 휴게소에는 사람도 별로 없다. 대구는 이제 교통이 워낙 좋아져서 KTX를 타면 서울에서 1시간 40분 만에 갈 수 있다. 더 이상 예전의 대구가 아니다. 간혹 차가 막히면 일산에서 광화문 사무실까지 1시간 30분도 걸릴 때가 있다. 그렇게 생각하면 대구는 거의 일산에서 출퇴근하는 수준이다. 도로는 예전 경부고속도로가 아닌 영동고속도로를 타다가 중부내륙을 타고 내려가면 더 빠르다.

오늘 첫 번째 일정은 방짜유기박물관이다. 팔공산 동화사 입구 쪽에 있는 박물관으로 꼭 한번 들러야 되는 곳이다. 막연하게 유기그릇만 생각하면 안 된다. 이곳에선 다양하게 만들어진 제품들을 볼 수가 있다. 사물놀이 악기인 징과 궁중에서 쓰던 악기, 스님들이 쓰던 바라까지 많은 유물들을 만

나 볼 수 있다. 특히 미리 신청하면 상주 해설사가 친절하게 설명을 해 준다. 어렸을 때는 간간이 놋그릇을 사용하는 집들이 있었는데, 어느 순간 양은그릇에서 스테인리스, 도자기 등으로 바뀌어 버렸다. 전시된 놋그릇을 보면서 유년시절 제사를 지내기 위해 목기와 유기그릇을 깨끗이 닦던 어머니 생각이 났다. 어떠한 사물을 보고 있을 때면 어린 시절의 추억이 생각나는 경우가 종종 있는데, 방짜유기박물관 또한 그런 곳이다.

　방짜란 두드린다는 말이다. 제작 과정에서 정성으로 두드리면서 작품을 만들어

가는 것이다. 완성된 제품은 마치 우리나라 화강암의 거칠거칠한 질감을 닮았다. 박수근 화가의 마티에르 기법처럼 투박하지만 그 거친 질감이 묘한 끌림으로 다가온다. 요즘에는 징도 매끈한 것보다 방짜유기로 만든 것이 더욱 정감이 간다. 특히 중요무형문화재 제77호이신 이봉주 선생님의 작품들을 보면 감탄을 금할 수 없다. 이곳에는 선생님이 기증하신 작품과 다양한 유물 1,500여 점이 전시되어 있다. 야외에는 징, 윷놀이, 투호놀이 등 직접 체험할 수 있는 공간도 마련되어 있다.

박물관을 뒤로하고 팔공산 동화사로 향한다. 팔공산 하면 갓바위다. 대한민국 기도처 중에 팔공산 갓바위 불상만큼 유명한 곳이 또 있을까. 본명은 관봉석조여래좌상. 갓을 쓴 듯한 특이한 생김새를 가진 이 여래좌상은 전국적으로 가장 유명한 스타 약사여래가 아닌가 싶다.

예전에 팔공산 갓바위에 갔을 때 신선한 충격을 받은 적이 있다. 보통 일반 사찰이나 마애불에 가서 절을 할 때면 통상적으로 삼배를 하는 경우가 많다. 하지만 이곳에서는 거의 모든 신도들이 108배를 하고 있지 않은가! 불교 신자는 아니지만 난생처음으로 108배를 했던 곳이 관봉석조여래좌상 앞이다. 분위기에 휩쓸려 얼떨결에 한 것도 같다. 108배를 하면서 느꼈던 것은 무엇을 하든 정성으로 하라는 것이다. 성철스님 생전에 당신을 만나려면 부처님께 3,000배를 하고 오라 하지 않으셨던가. 그렇다. 달랑 삼배만 하고 부처님께 소원을 빈다는 것은 염치가 없는 일이다. 108배를 할 때에는 숫자 세기가 만만치 않다. 나는 아마 120번은 절하지 않았나 싶다.

그때를 생각하는 사이 차는 금세 일주문을 지나 동화사 턱밑 주차장에 도착했다. 내려서 조금만 걸어가면 동화사 경내에 다다른다. 아직 4월 초파일이 멀었는데 절은 연등 달 준비로 부산하다. 팔공산 자락에 있는 동화사는 진표율사로 대표되는 백제계 사찰이었다. 신라와 고려시대를 통하여 대가람으로 발전했으며 특히 김제의 금산사, 속리산 법주사와 더불어 법상종 3대 사찰로 유명했다. 고려 이후 조선시대에도 사명대사와 같은 고승이 머물렀던 유서 깊은 사찰로, 수차례 중건한 후 지금에 이르고 있다.

동화사란 이름 또한 상서롭다. '동' 자가 '오동나무 동(桐)' 자다. 봉황은 오동나무가 아니면 깃을 들이지 않는다고 한다. 상서로운 새로 추앙받고 있는 봉황은 일반 새하고는 대우가 달랐다. 그래서 절 곳곳에 '봉(鳳)' 자가 들어가는 건축물이 눈에 띈다. 특히 봉황루 들어가기 전에 알까지 만들어 놔서 더욱 이채롭다. 대웅전 건물은 규모가 그리 크지는 않지만 기단이 높아서 위엄이 서려 있다. 양쪽 벽면에 그려진 심우도 또한 불교에서 공의 의미를 되새기게 한다. 또한 약사신앙 1번지답게 아픈 사람을 낫게 해 달라고 비는 사람들이 많다.

주차장 쪽으로 가지 않고 통일 대불이 있는 쪽으로 내려가면 옛날 길이 나온다. 들어오는 쪽보다 사람이 많지 않아 호젓하게 산보하듯 내려갈 수 있는 길이다. 버스 관광이라면 기사님이 이쪽에 차를 대놓고 있어도 좋을 듯싶다. 그 길 초입에 통일 대불이 팔공산 자락을 배경으로 근엄하게 서 있다. 비례가 약간 어색하기는 하지만 엄청난 크기에 일순 위압감까지 드는 불상이다. 나는 정말이지 하나만 빌었

다. 어서 빨리 통일이 되게 해달라고. 통일에 대한 각자의 생각들이 있겠지만 독일을 생각해 보면 경제적인 측면에서도 꼭 이루어져야 될 과제이다. 현재 유럽의 경제가 어렵다고 해도 독일은 유럽을 대표하는 맹주로서 가장 잘 나가지 않는가. 분명 혼란도 있겠지만 우리 민족은 언제나 그랬듯이 슬기롭게 잘 극복할 것이다. 개성, 평양, 묘향산, 그리고 저 멀리 개마고원까지 생각만으로도 가슴 벅찬 일이지 않은가! 통일 대불을 보면서 하나 된 대한민국을 상상해 본다.

동화사를 뒤로한 채 다시 차를 타고 대구 시내로 향한다. 차창 밖으로 이제 막 꽃망울을 터뜨리려는 목련과 개나리가 보인다. 저렇게 평화롭기만 한 골짜기에서 견훤과 왕건이 처절하게 싸웠다니. 동수대전에서 죽다 살아난 왕건은 고려를 창건한다. 그러한 역사가 골골이 배어있는 곳이 대구 팔공산 자락이다. 그 시절이야 영토 싸움과 삼국통일이 지상 과제였으니까 어쩔 수 없었겠지만 이 땅에서 전쟁만큼은 다시 일어나지 않았으면 한다. 자식을 낳고 살아보니 그러한 생각이 더욱 절실해진다. 어떠한 명분으로도 정당화할 수 없는 것이다.

　차가 대구 시내로 접어들자 언제 산에 있었나 싶게 도심 한복판이다. 곧게 뻗은 동서 관통 도로를 달리자 계산동 오거리가 나온다. 차를 동산의료원 대로변에 세우고 본격적으로 대구 근대화 골목길 투어에 나선다. 대구시 문화해설사 김정자 님과 함께한다. 대구 사투리가 섞여있는 말투가 정겹다. 어찌나 열정적으로 설명을 해 주시는지 관광을 업으로 삼고 있는 사람들에게 귀감이 되는 분이다. 가이드라면 강약을 조절해서 설명할 줄 알아야 한다. 해박한 역사 지식뿐만 아니라 다양한 지적 호기심은 훌륭한 해설사가 되는 밑거름이 되어준다.

　투어는 동산의료원에서부터 시작한다. 서양 선교사들이 생활하던 건물 안에는 그 시절에 쓰던 각종 물건들이 전시돼 있다. 또한 회색빛 건물 사이로 오래된 빨간 벽돌 건물은 마치 100년 전으로 되돌아간 듯하다. 낯설지만 벽돌 건물 특유의 따뜻함이 배어있어서 봄 햇살처럼 마음을 따뜻하게 해 주는 마력이 있다.

　유독 젊은 연인들이 많다. 이제 막 꽃망울을 피우려는 목련이 곳곳에서 봄을 알리고, 이국적인 건축물은 데이트의 분위기를 더욱 살려주는 듯하다. 사진 찍을 시간이 많지 않아서 아쉽기는 했지만 해설사님을 따라 대구 역사를 듣는 재미가 쏠쏠했다. 동산의료원, 청라언덕을 둘러보고, 3.1만세운동의 현장에서는 직접 만세도 불러본다. 참 의미 있는 여행이다.

　계산성당 쪽에서 이상화 시인 벽화가 있는 곳으로 방향을 잡는다. 골목길에 자

리한 이상화 시인의 대표적인 시「빼앗긴 들에도 봄은 오는 가」가 눈에 들어온다. 일제강점기 대표적인 저항시인으로 대구가 자랑하는 인물이다. 학창시절 강렬한 느낌을 받았던 시 중 하나여서 더욱 반갑다.

골목 안으로 쭉 들어가면 계산예가가 나오고 그 옆으로 이상화 고택이 단정하게 자리 잡고 있다. 아담한 기와집으로 시인의 숨결이 묻어나는 정겨운 집이다. 많은 사람들이 이곳에서 시인을 되새겨 볼 수 있어서 다행스럽다. 예전에 헐릴 위기도 있었다 하니 얼마나 가슴 아플 뻔했는가. 계산예가는 옛것을 잘 관찰해서 새로운 것을 창조해 내는 법고창신(法古創新)의 정신이 잘 배어 있는 건물이다.

계산예가에 들어가면 대구와 관련된 인물이나 옛 사진들을 볼 수 있다. 입구에는 대구가 낳은 천재 화가 이인성 작가의 작품이 있다.《경주의 산곡에서》,《해당화》와 같은 작품을 보고 우리나라에도 이러한 유화 작가가 있었다는 사실에 감탄했던 적이 있다. 특히《해당화》란 작품은 어찌나 색감이 아름다운지 왜 근대 유화 작품을 논할 때 그를 빼놓고 이야기할 수 없는지 이해할 수 있을 것이다.

1950년 비극적인 사건으로 숨을 거뒀지만 그의 삶이 조금만 더 길었다면 대구가 낳은 천재 화가의 작품세계가 어떻게 발전하였을지 궁금하다. 또한 우리나라 미술사에 어떠한 존재로 남아 있었을지도. 아마 박수근, 김환기, 이우환 작가 못지않게 수많은 사람들에게 사랑받는 화가가 되었을 것이다. 애인과 이별하듯 그의 작품과 헤어지고 나서 약령시장 옆에 있는 한의학박물관으로 간다.

한의학박물관은 다양한 볼거리가 있는 곳이다. 자기의 체질을 알아볼 수 있고, 한방차도 시음할 수 있으며 그 외 다양

해당화 (1944년)

한 체험도 해 볼 수 있다. 일본인 여행객도 꽤 방문하는 곳인데, 대구가 외국인 관광객들에게도 알려지기 시작했다는 것을 실감한다.

한의학박물관에서 나와 다시 계산성당이 있는 센터로 나간다. 도심 한복판에 빨간색 고딕양식의 계산성당이 랜드마크처럼 서 있다. 맞은편에는 제일교회가 언덕 위에 있어서 더욱 웅장한 모습으로 서로를 마주 보고 있다. 신교와 구교가 묵언으로 나란히 서 있어서 묘한 감정을 불러일으킨다.

계산성당에 조심스럽게 들어가 본다. 토요 미사를 보고 있어 사진을 찍는 셔터 소리가 미안하다. 신부님 목소리가 천상의 목소리처럼 미성이다. 어쩌면 저렇게 아름다운 목소리가 나올까? 종교적인 분위기까지 더해져 더욱더 감동을 받았는지 모른다. 그 목소리 하나만으로도 낯선 여행자에게 위안이 된다. 경건한 예배에 방해가 될까 봐 깨금발을 딛고 성당에서 나온다.

계산성당은 전주의 전동성당이나 서울의 명동성당과 비슷한 모양의 건축물이다. 그래서 대구에 가면 꼭 한번 들러 봐야 할 필수 코스이다. 대구 중구 근대화 골목길 투어를 하다 보면 그 중앙에 위치하고 있어 자연스럽게 쉬어가기 좋다. 특히 성당 옆에는 이인성 나무가 자리하고 있다. 그림에 관심이 없어도 유화로 남아있는 《계산동 성당》과 비교해 보는 것도 의미 있을 것이다.

시간이 되면 그 유명한 커피명가에 들러 커피를 마셔볼 것을 추천한다. 커피 맛도 좋지만 위치적으로도 훌륭한 곳이다. 예전에 동료와 함께 이곳에 왔다가 성당 종소리를 들은 적이 있다. 맛있는 커피와 은은한 종소리의 감동이 아직까지 긴 여운으로 남아있다. 누군가 공간을 소비한다고 하지 않았던가. 커피 한 잔의 원가만 따진다면 비싸다고 할 수도 있지만 어떠한 공간이냐에 따라 그 값을 충분히 보상하고도 남는다. 커피명가는 그러한 느낌이 드는 카페이다. 이인성 작가가 지금까지 살아있다면 아루스 카페가 아닌 커피명가에서 커피를 드시지 않았을까 생각해 본다.

계산성당을 배경으로 마시는 커피명가의 맛은 여전히 좋았다. 여행자에게 커피만큼 위안이 되는 음식이 또 있을까. 믹스커피가 됐든 드립 커피가 됐든 이 음료는 여행의 동반자가 되기에 충분하다. 카페는 많이 걸어서 지친 여행자에게 최고의 쉼터가 되어주며, 지나다니는 사람들을 구경하거나 깊은 사색을 하는 장소로도 손색이 없다.

이제 대구 여행을 마무리할 시간이다. 아침 일찍 서울을 출발해서 방짜유기박물관, 동화사, 그리고 근대화 골목길 투어까지 마쳤다. 대구는 참 볼거리가 많은 고장이 아닌가 싶다. 시간이 없어서 못 간 허브 빌리지나 대구 수목원, 그리고 김광석 거리 등 여행자가 가 봐야 할 명소가 수없이 많다. 게다가 대구 하면 먹을거리도 빼놓을 수 없다. 서문시장의 국수, 씨앗호떡, 납작 만두, 동인동 찜갈비 등 생각만 해도 군침이 돈다.

　여행하는 사람들의 가장 큰 오류는 가 보지도 않고 어딘가를 평가하는 것이다. 나 또한 마찬가지였다. 속살을 보지 않고는 대구에 대해서 이야기할 수 없다. 깊은 속정과 문화가 살아 있는 도시, 대구. 볼 것 없다 단정하지 말고 이번 주말에 당장 대구로 떠나보는 것은 어떨까?

02
대구 커피하우스
커피명가

내가 한창 커피에 빠졌을 때 가장 만나보고 싶었던 사람이 있다. 대구 커피명가의 안명규 대표다. 1999년 이화여대 쪽에 처음으로 스타벅스가 들어왔다. 안 대표는 그보다 훨씬 전부터 커피는 원재료가 중요하다는 것을 인식하고 커피 산지를 다녔던 사람이다.

생두가 무엇인지, 원두가 무엇인지도 모르던 시절이 아니었겠는가. 커피 하면 동서커피나 믹스커피, 거기에서 좀 발전하면 원두커피를 내리는 쟈뎅 같은 커피 전문점이 인기 있던 시절이다. 어쩌면 그는 우리나라 커피업계의 선각자다운 행보를 보인 사람이 아닐까 싶다. 어떤 계기로 커피에 빠져서 그렇게 열정적으로 커피만을 바라보며 살고 있는 것일까?

나도 무언가에 속절없이 빠지는 경향이 있다. 막 당구를 배울 때는 사람 머리만 봐도 당구공으로 보일 때가 있었고, 처음 커피를 배울 때는 사람 얼굴을 보면 로스팅 정도를 떠올리기도 했다. 얼굴이 정말 시커먼 사람을 보면 '오! 프렌치나 이탤리언이구먼.' 조금 시커먼 사람을 보면 '아! 이 사람은 중간 정도로 볶은 하이나 시티구먼.' 참고로 나는 풀시티 정도 되는 시커먼 사람이다.

어찌 됐든 안명규 대표는 대한민국에서 커피라면 어느 누구에도 지지 않을 실력자이다. 여기서 실력자란 표현은 커피를 사랑하는 사람들에게 미안한 마음이 들기도 하나 커피에 대한 사랑과 열정에 대한 헌사라고 이해해 주면 좋을 듯하다.

두 번이나 대구 커피명가에 다녀왔지만 한 번도 그를 직접 만나 보지는 못했다. 약속을 안 하고 갔

＊ 대구 **커피명가**
주소 대구광역시 중구 서성로 20 대구은행(계산동지점)
전화 053-422-0892

대구

으니 당연한 일이다. 하지만 만약 그를 만난다고 해도 내 커피 인생에 크게 도움이 되지는 않을 것이라 생각한다. 어떻게 수십 년 커피 인생을 살아온 사람을 단 몇 시간 인터뷰한다고 해서 그의 커피 철학과 인생이 오롯이 나에게 전달되겠는가. 커피에 대한 지식은 책을 읽거나 관심을 가지면 누구나 어느 정도까지는 어렵지 않게 습득할 수있다. 하지만 수십 년 반복으로 체화된 기술은 하루아침에 이루어질 수가 없다. 물론 에스프레소 기계로 금방 추출해 내는 커피의 경우 단기간에 배울 수 있기도 하다. 하지만 생두의 특성을 잘 알아서 가장 알맞은 방법으로 로스팅하는 기술은 결코 하루아침에 이루어지는 것이 아니다. 생두의 한계를 절감하고 직접 산지로 찾아다니면서 좋은 재료를 가져오기 위한 그의 열정이 대단하다. 안 대표와는 전화상으로 통화를 한 적이 있다. 생

전 처음 들어본 사람에게 직접 전화를 주신 것이다. 사람의 목소리라는 게 참 묘하다. 얼굴을 보지 않고 전화상으로만 통화를 했지만 그의 인품이 그대로 느껴져 더욱 기분이 좋았다. 짧은 전화 인터뷰였지만 친절하게 이것저것을 알려 주신다. 참 겸손한 사람이다. 산지의 어려운 아이들과 재배 농부들의 삶에 관심을 가지는 그의 따뜻한 마음에도 박수를 보낸다.
대구의 캠프바이 커피명가는 커피명가의 분점이지만 계산성당 옆에 위치하고 있어 내다보는 풍경이 아름답다. 특히 계산성당의 빨간 벽돌과 카페의 분위기가 참 잘 어울린다. 밤에는 노란 조명이 들어와 테라스 아래에서 커피라도 한 잔 마실라 치면 빈센트 반 고흐의 《아를르의 포름 광장의 카페 테라스》가 연상된다.
고흐의 작품을 생각하면서 하우스 블렌드를 시킨

다. 와인처럼 부드러운 바디감이 있는 커피로, 부드러운 신맛도 난다. 커피마스터가 아닌 그 집의 막내 바리스타가 내려준 커피였지만 전체적으로 조화로운 커피여서 충분히 만족스럽다. 유명한 카페의 경우 주인장이 직접 커피를 내려 주기는 힘들다. 로스팅도 마찬가지이다. 대표적으로 강릉의 테라로사가 그렇지 않나 싶다. 그래서 종업원 교육이 그만큼 중요하다. 오래된 곳이든 신생 카페이든 간에 막내 바리스타의 실력이 그 집의 진정한 실력인 것이다.

블렌딩 역시 쉬운 일이 아니다. 아무 원두나 막 섞으면 안 되고, 각 원두의 특징을 잘 살려서 블렌딩해야 색다른 맛이 탄생할 수 있다. 조심스럽게 드립을 해준 막내 바리스타에게 어떤 원두를 블렌딩했냐고 물어봤다. 잘 모른단다. 그 대신 매니저로 보이는 선배 바리스타에게 물었다. 친절하게 브라질, 콜롬비아 그리고 에티오피아 커피를 섞었다고 대답한다. 이 또한 마음에 드는 카페가 아닌가! 간혹 블렌딩한 커피를 알려달라고 하면 무슨 일급비밀이라도 되는 듯 완고하게 사양하는 카페가 있다. 그것도 아주 불친절하게. 분명 비법이 될 수도 있겠지만 좀 야박하다는 생각이 드는 것도 사실이다. 출출하던 차에 이 집에서 유명한 딸기케이크도 하나 주문한다. 알알이 박혀 있는 딸기가 먹음직스럽고, 맛도 그만이다. 커피를 마실 때에는 사이드 메뉴도 중요하다. 특히 요즘은 발효 빵을 메인으로 해서 매출을 높이는 카페가 많아지고 있는 추세이다.

대구의 커피명가는 우리나라 개인 카페의 역사라 해도 과언이 아니다. 부디 지금과 같은 마음으로 늘 약자들을 생각하면서 많은 사람에게 행복을 주는 카페로 남았으면 하는 바람이다.

뜨거운 열정이 넘치는
부산 여행

여름 하면 부산이다. 설문조사를 해 보면 전국적으로 가장 가고 싶은 해변 랭킹 1위가 해운대다. 참 대단한 곳이 아닌가 싶다. 하루 최대 인파 100만, 상상이 잘 가지 않는다. 빽빽이 펼쳐져 있는 파라솔 또한 기네스북에 올랐다. 부산답다. 대체 무엇이 사람들을 이곳으로 끌어들인단 말인가! 아마 사람이 사람을 모으는 것이 아닐까? 맛집, 숙박, 멋진 해안 경치, 해운대 마천루, 나이트 관광 등 다양한 매력 요인이 있겠지만 무엇보다도 너 나 할 것 없이 많이 가니까 사람 구경하러 가는 여행자도 생기는 법이다. 사람 구경을 실컷 하고 싶다면 한여름 바캉스 시즌에 부산을 찾으면 된다.

최근 부산은 우리나라에서, 아니 세계적으로 가장 핫한 여행지로 뜨고 있다. 부산의 클럽은 서양 사람에게도 인기가 많다. 일본 관광객은 이미 예전부터 많이들 찾아왔다. 수요적인 측면에서 전 세계적으로 가장 주목을 받고 있는 중국 관광객은 최근 들어 부쩍 늘었다. 특히 크루즈를 타고 들어온 관광객들이 부산면세점을 점령하면서 지역민뿐만 아니라 대한민국 사람들을 놀라게 하고 있다. 크루즈가 부산항

에 들어오는 날이면 부산이 바빠진다. 관광버스와 여행사 직원, 그리고 면세점까지 그야말로 북새통을 이룬다.

조용한 여행지만을 고수하는 사람들은 부산이 잘 맞지 않을 수도 있다. 사람도 많지, 도심도 복잡하지, 억양도 세지. 하지만 잘 찾아보면 한적하게 트레킹하기 좋은 곳도 의외로 많다. 젊은 사람이 많아 정신없다고 지레 겁먹을 필요도 없다. 세대별로 선호할 만한 여행지가 적절하게 포진해 있으니 말이다. 가족이면 가족, 연인이면 연인, 노년이면 노년대로 부산은 매력적인 도시이다. 갈 데가 많아 제주도처럼 장기 체류를 하면서 부산을 즐기는 사람도 늘고 있는 추세다. 이해가 된다. 어떻게 2~3일 만에 부산의 곳곳을 즐길 수 있겠는가. 오고 가고 하다 보면 시간은 훌쩍 가 버릴 텐데. 계획을 세워서 몇 번이고 자주 찾아야 제대로 즐길 수 있을 것이다.

이번 여행의 콘셉트는 뚜벅이 여행이다. 부산 하면 해수욕장도 좋지만 걸으면서 여행할 수 있는 곳이 무척이나 많다. 대표적인 곳이 젊은 층이 많이 찾고 있는 감천문화마을이다. 이 밖에도 남포동 지구에는 국제시장, 깡통시장, 용두산 공원, 근처의 자갈치시장이 오밀조밀 모여 있어 한 걸음, 한 걸

음으로 여행을 해야 되는 곳이다. 그래서 마치 다른 나라를 배낭여행하는 듯한 기분도 든다. 나는 도시 여행을 하면서 내국인의 시선이 아닌 외국인의 눈으로 보려고 할 때가 있다. 굳이 노력하지 않아도 외모가 중국 광둥성 사람처럼 생겼는지 간혹 상인들이 중국어로 말을 걸어온다. 이 또한 재미있지 않은가! 비행기나 배를 타고 해외에 나가지 않아도 이국적인 느낌과 묘한 설렘까지 맛볼 수 있으니 말이다. 영어 팸플릿이나 중국어 지도를 들고 다니면 영락없는 외국 관광객이다. 이번 여행에서는 일본인들이 많이 묵는 남포동의 관광호텔에 숙소를 잡았기 때문에 더더욱

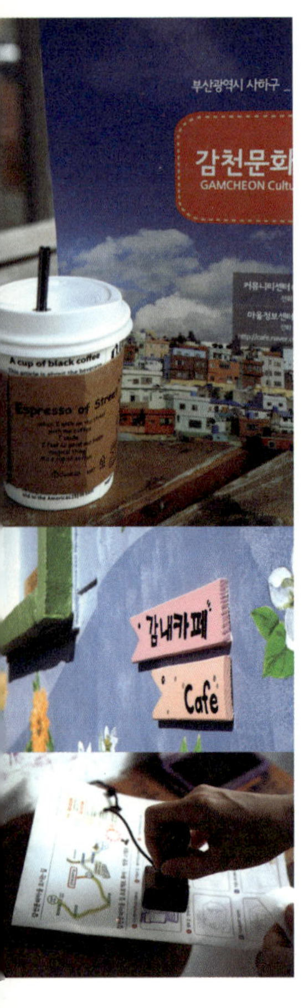

외국 배낭여행을 하는 기분으로 즐기지 않았나 싶다. 여행이 좀 무료하다 싶으면 이러한 여행도 꽤 괜찮은 방법이다. 단 혼자 할 때만이 그 재미가 배가 된다는 것을 참고 하자.

호텔 체크인을 한 뒤 최근 부산 젊은이들의 필수 데이트 코스인 감천동으로 향했다. 감천동 문화마을 입구에 있는 공용 주차장에 차를 대고 본격적으로 걷기 여행을 시작한다. 예전에 잠깐 와 본 적이 있기에 그리 낯설지는 않다. 슈퍼에서 물 하나를 사 들고 마을 안으로 걸어간다. 때로는 인공적인 것이 자연적인 것보다 사진을 잘 받기도 한다. 마을 곳곳에 예쁘고 특이한 작품들이 사람들의 시선을 사로잡는다.

골목길 한쪽 면에 알록달록한 물고기들이 어디론가 떼를 지어 가고 있다. 그 앞으로 젊은 여행객들이 사진을 찍느라 분주하다. 연어가 모천으로 거슬러 올라가듯 화려한 물고기들도 마치 자기 고향을 찾아가는 듯하다. 그곳에서 계단을 올라가면 하늘마루가 나온다. 감천문화마을에서 손꼽히는 뷰 포인트다. 하늘마루에서 감천문화마을 지도를 판다. 2,000원을 주고 한 장을 샀다. 마을 안내도 나오고 여러 작가들의 작품 설명도 들어있는 팸플릿 겸 지도이다. 스탬프를 찍는 칸이 있어 여러 곳을 방문하게 하는 재미도 있다. 여덟 곳을 방문하여 스탬프를 찍고 돌아오면 손수건이나 사진 한 장을 인화해 준다.

하늘마루 옥상으로 올라가면 감천문화마을의 전경을 볼 수 있다. 그 안에서 살아가는 주민들의 삶도 보인다. 한국적인 곡선의 이미지는 아니지만 여러 개의 사각 모양이 중첩돼서 보이는 풍경이 이색적이다. 곡선이 아름답게 느껴지는 나이지만 감천동에서는 사각이 주는 아름다움도 멋지게 다가온다. 레고 마을이니, 한국의 마추픽추니 많은 수식어가 따라

붙지만 마을의 전경을 바라보니 딱히 떠오르는 이미지가 없다. 색감 좋은 거대한 그림을 보는듯한 느낌이랄까. 다닥다닥 붙어있는 집들이 모여 거대한 예술 작품이 됐다. 지난 세월을 살아온 원주민들과 외지에서 들어와 살고 있는 새로운 주민, 여기에 뜻있는 작가들이 만들어낸 거대한 작품. 하나하나 떨어트려 놓았으면 별 볼일 없었을 건물들이 아름다운 색감으로 하나가 되어 다시 태어난 것이다. 세상에 우연이란 없는 법. 수십 년 세월이 감천문화마을을 만들어 냈다.

바다로부터 불어오는 바람이 시원하다. 관광객들은 사진을 찍느라 분주하다. 말없이 마을을 바라보는 사람도 많다. 나 또한 가만히 감천동 마을을 내려다본다. 옹기종기 붙어서 사는 사람들의 모습은 그 형태만 다를 뿐 어디나 같다. 우리가 엘리베이터에서 마주치는 이웃을 여기서는 계단에서 보는 것이고, 이곳의 조금 넓은 골목길은 우리의 놀이터를 대신하는 것이다.

한참을 보다가 다시 계단을 내려온다. 좌우로 가게들이 하나둘 보인다. 얼마 전까지만 해도 없었던 카페와 분식집이 생겼다. 이곳도 이제 관광지화가 되어 간다는 느낌을 지울 수가 없다. 가다 보면 북 카페도 나오고, 사진 찍기 좋게 만들어 놓은 뷰 포인트도 있다. 멋진 등대가 그림 같은 풍경을 연출한다. 새들이 전깃줄에 앉아 사람을 내려다보듯 인간도 그들과 똑같이 또 다른 세상을 내려다보고 있다.

날씨가 더워 근처 슈퍼에서 아이스크림을 하나 사면서 어르신께 물어봤다.

"할머니, 외지인들 많이 오니까 좋으세요?"

"하모, 우리 같은 장사치들은 좋은 기라."

그 옆에 있던 할아버지가 한 말씀 거드신다.

“싫다 카는 사람들도 있제.”

“뭐 볼기 있어서 이케 마이 오는지 모르겠다 안 카나.”

맞는 말이다. 장사하는 사람들이나 좋지 그냥 주민들은 뭐가 그리 좋겠나. 방문 예절을 지켜서 조용히 다녀가면 좋을 텐데 아무 집이나 불쑥불쑥 들어가 큰소리로 떠들고, 양해도 구하지 않은 채 사진을 찍고. 입장을 바꿔 생각하면 정말 짜증 나는 일이 아닐 수 없다. 그러한 생각이 들자 그들의 속살을 보는 것만 같아 내심 미안한 마음이 든다.

마을은 저 아래에서부터 시작된 집들이 세월이 흐를수록 가파른 산 능선을 따라 더욱 높은 곳으로 자리 잡기 시작했을 것이다. 시선을 가리지 않기 위해 서로를 배려한 집짓기. 여기에 감천동의 힘이 있는 것이다. 좁고, 가파르고, 구불구불하고,

불편하기도 하지만 우리네 정이 묻어있는, 골목길이 살아있는 마을이다.

마을 아래쪽으로도 작품들이 있다고 했지만 내려가지 않았다. 괜히 주민들에게 방해가 될 것 같아 생략하기로 했다. 대신 길옆에 새로 오픈한 카페로 들어간다. 중년의 아저씨들이 바리스타 겸 주인이다. 아이스 아메리카노를 한 잔 시켰다. 더웠던 참에 마시는 커피인지라 정말 맛있다. 잠시 카페에 앉아 지나다니는 사람들을 본다. 대부분 연인이나 여자들이 많다. 간간이 중국 관광객들도 보인다. 이런 곳까지 어떻게 알고 중국 관광객들이 오늘 걸까? 입장료가 없어서 오는지, 아님 방송매체의 힘인지. 하기야 우리도 중국에 가면 어떻게 알았는지 그들의 후통을 여행하지 않던가.

커피 한 잔을 마시고 왔던 길을 되짚어간다. 얼마를 갔을까. 장사하는 사람들 빼고는 마을 주민을 보지 못했는데 마을 청년 한 명이 마을을 내려다보며 담배를 피우고 있다. 청년의 시선을 따라잡는다. 이방인과 원주민의 관여이다. 바라보는 방향은 같지만 생각은 완전히 다를 것이다. 혹 그는 가난한 화가일지도 모른다. 고뇌하며 작품을 그리다가 잠깐 쉬러 나온 화가. 그가 바라보는 시선이 궁금하다. 빈센트 반 고

흐처럼 모든 사물을 각각의 눈높이로 살피는 천재적인 능력을 가지고 있는지도 모를 일이다. 언젠가는 그의 그림이 세상에 알려지고, 작품은 천정부지로 뛰어서 평범한 사람들은 감히 사지도 못하는 그럴 날이 올지도. 청년의 모습에서 희망을 상상해 본다. 그러기에 감천동 같은 달동네도 청년과 같이 희망적으로만 보인다.

청년을 뒤로하고 왔던 길로 다시 나온다. 마을 정보 센터인 하늘마루에서 이것저것 물어보니 친절하게 설명해 주신다. 여기서 발생하는 수익이 마을에 쓰인다고 하여 커피를 한 잔 시킨다. 입장료도 내지 않고 좋은 풍경을 구경하고 가는 것이 다소 미안했던 것이다. 나뿐만 아니라 여러 관광객이 담소를 나누며 차를 마시고 있다. 그들에게까지 고마운 생각이 든다. 맛이란 오감이 다 작동되는 시스템이다. 어떻게 혀로 느껴지는 맛만을 맛이라 표현할 수 있겠는가. 시각, 후각, 청각, 그리고 열린 마음이 총체적으로 조화를 이뤄야 훌륭한 맛이 되는 것이겠지. 하늘마루에서 마시는 커피의 맛이 그러하다.

꼭 포토제닉이 아니어도 감천동은 충분히 갈 만한 곳이다. 어른들한테는 옛날 생각이 많이 나게 하는 마을이다. 어렵고 힘든 시절 산동네에 살았던 사람들은 아련한 추억이 되살아날 것이다. 내가 언제 저런 곳에서 살았나 싶게 세월은 빠르게

흘러 이제는 아득한 추억으로만 남아있다. 젊은이들은 아쉽게도 골목의 느낌을 잘 모른다. 골목길은 어린 시절 우리들의 놀이터였다. 양쪽으로 골대를 만들어 놓고 주야장천 축구를 했던 곳. 한번은 동네 친한 형하고 우리 집 라디오를 엿장수에 팔아먹었던 적이 있다. 감당하기 힘들 정도로 많은 엿을 받았던 곳도 오성이 형네 골목이었다. 그때 어머니한테 엄청 혼났지만 지금은 아련한 추억으로 남아 있다.

이렇듯 누구나 가슴속에 애틋한 골목길 하나쯤은 가지고 있을 것이다. 그래서 감천동이 소중하다. 어둡고 침체된 도시의 골목길을 젊은 사람들이 찾도록 활기찬 공간으로 재탄생시킨 지자체 및 참여 작가, 그리고 마을 주민들에게 박수를 보낸다. 유년의 골목길을 생각하며 감천문화마을을 빠져나온다. 파란 하늘, 길게 이어진 빨랫줄에 우리들의 추억이 걸려 있다.

땀을 너무 많이 흘러서 호텔에서 샤워를 한 후 다시 시내

로 간다. 남포동 거리는 사람들로 북적북적하다. 해운대나 광안리, 서면에 비하면 덜하지만 아직도 번화가다운 맛이 남아있다. 특히 외국 관광객들이 많아서 이국적인 느낌이 많이 나는 곳이다. 이 일대는 자갈치시장과 국제시장, 깡통시장, 보수동 헌책골목, 그리고 용두산 공원까지 방문할 수 있다. 어렸을 적 부산 관광을 다녀오신 어머니도 용두산 공원 꽃시계가 그려진 쟁반을 기념품으로 사 오셨었다. 남포동 일대는 과거에나 현재에나 부산 관광의 1번지인 것이다. 또한 이 지역은 뚜벅이 여행이 제격이다. 지금은 해운대 쪽으로 부산국제영화제 메인 행사장이 옮겨 가기는 했지만 아직도 부산 영화의 메카로써 자긍심이 대단하다.

저녁을 먹기 전에 비프광장에서부터 걸었다. 이승기의 씨앗호떡, 쌀 떡볶이, 부산 어묵 등 길거리 음식이 관광객들을 유혹한다. "부산하면 어묵아이가? 어묵은 묵고 가야제." 그래, 저녁은 저녁이고 어묵 하나를 사 먹었다. 쫀득하니 정말 맛있다. 역시 어묵은 부산 어묵이 최고다. 하얀 떡 어묵도 맛나다. 어묵을 먹고 나서 씨앗호떡도 하나 먹었다. 방송을 보지는 않았지만 〈1박 2일〉에서 이승기가 먹으면서 전국적으로 유명해졌다고 한다. 안으로 쭉 들어가면 비빔당면을 파는 시장이 나오고, 조금 더 들어가면 미제 물건을 팔면서 시작된 깡통시장도 나온다. 부산에 오면 늘 느끼는 거지만 물건 하나하나 각을 잡아서 잘 정리해 놓고 있다. 어쩔 땐 부산시에

서 교육을 하는 것인가 싶다. 부산 사람들의 맺고 끊는 맛이 시장에 진열된 물품들만 봐도 느껴진다.

이것저것 먹으면서 다니다 보면 시간 가는 줄 모르는 곳이 남포동이다. 약속 시간이 가까워져 자갈치시장 쪽으로 다시 걸어 나온다. 길 건너로 '오이소! 보이소! 사이소!' 간판이 보인다. 부산에 사는 지인이 저녁을 사기로 해서 오랜만에 자갈치시장으로 향한다. 아는 집에서 저렴한 가격에 조개와 새우 등 한 바구니를 사 왔다. 요리는 일명 해물 샤브샤브. 음, 맛있는데! 조개구이나 찜은 많이 먹어봤어도 샤브샤브는 처음이다. 이렇듯 부산은 먹을거리 천국이다. 맛있는 회도 많고, 먹장어와 부산 밀면, 돼지국밥, 냉채 족발 등 이름만 들어도 침이 꼴깍 넘어가는 음식들이 많다. 어찌 한 번의 여행으로 이 많은 음식을 먹어볼 수 있겠는가. 자주자주 부산을 찾는 수밖에 없다.

새벽 5시 기상. 창밖을 내다보니 비가 내린다. 비 예보가 없었는데 낭패다. 그래도 어쩌겠는가, 씻고 나가 봐야지. 일출은 고사하고, 사진도 제대로 찍을 수가 없다. 새벽녘 해운대와 광안리 해변을 둘러본다. 바람은 거셌지만 서핑을 하는 사람들이 하나둘 모여든다. 해운대 쪽 마천루와 광안대교가 어우러져 마치 외국의 해변인 양 상당히 이국적이다. 막바지 여름 새벽 해변도 운치를 더했다. 얼마나 많은 사람들이 이곳에서 뜨거운 여름을 보냈을까? 바닷가 모래만큼이나 많은 추억들이 저 바다와 함께 버물어졌을 것이다. 올여름 해운대나 광안리 해변에서 해수욕을 하지는 못했지만 한여름의 열기는 고스란히 남아있는 듯했다.

광안리 서핑족을 뒤로하고 이기대 갈맷길을 가기 위해 부

경대 방향으로 차를 틀었다. 날씨가 마치 영화 〈해운대〉에서 봤던 날씨다. 이기대 동생말 전망대 쪽에서 광안대교와 해운대를 바라본다. 멋지다. 홍콩을 가 보지는 못했지만 그보다 멋질 듯싶다. 멀리 황령산 자락에 구름이 걸려있다. 날씨가 좋을 때 보는 부산하고 또 다른 느낌이다. 그래서 여행이 즐거운 것이다. 날씨에 따라서 이렇게 다른 분위기를 맛볼 수 있으니 말이다.

부산에는 이기대 갈맷길처럼 해안을 따라 걷는 멋진 길들이 잘 정비돼 있다. 갈맷길은 2009년부터 조성되기 시작해서 2012년에 총 20개 코스로 완성됐다. 해수욕이나 도심의 번잡함이 싫다면 이러한 트레킹을 해 보는 것도 부산 여행의 좋은 방법이다. 또한 문텐로드, 황령산 정상 트레킹,

이기대 갈맷길, 태종대 등 다양한 걷기 코스도 개발돼 있다. 아마 부산만큼 걷기 코스가 발달된 도심도 흔치 않을 것이다. 동생말 전망대에서 한참을 있었다. 금세 태풍이 밀려오거나 지진해일이 도심을 덮칠 것만 같았다. 이기대 동생말에서부터 해안을 따라 오륙도까지 트레킹을 할 수 있으나 날씨가 좋지 않아 패스. 그러나 부산에 오면 꼭 한번 가 봐야 할 필수 트레킹 코스이다.

날씨가 좋지 않아 일출을 보지는 못했지만 나름대로 부산의 또 다른 면을 본 것 같아 기분이 좋았다. 여전히 황령산 정상 부근에는 짙은 구름이 걸쳐 있다. 언젠가 황령산 정상에서 바라본 광안대교와 해운대 마천루를 아직까지 잊을 수 없다. 올라가는 길이 험해서 그렇지 부산에 간다면 꼭 한번 봉화대까지 올라 부산을 내려다보라고 추천하고 싶다. 특히 밤에 올라가면 외국 못지않은 멋진 야경이 그대를 반겨줄 것이다. 인공의 아름다움으로 가장 빛나는 것이 있다면 도심의 야경이 아닐까 싶다. 상하이 야경도 좋다지만 부산의 황령산이나 용두산 전망대의 야경도 그에 못지않다.

언제 와도 늘 아쉬움이 남는 곳, 부산. 이번 여행도 마찬가지이다. 더 많이 먹고, 더 많이 봤어야 했는데, 아쉽게도 다음을 기약할 수밖에 없다. 빠르게 발전하고 있는 부산이 다음엔 또 어떤 모습으로 변해 있을까 벌써부터 기대가 된다. 무쇠솥에 조청이 부글부글 끓어오르듯 부산은 맛과 열정이 가득한 도시임에 틀림없다.

BAUNOVA COFF
BAUNOVA COFFEE

03
부산 커피하우스
바우노바

남포동에 위치한 바우노바는 신생 카페이다. 커피마스터가 이곳을 차린 지 2년여 정도 밖에 되지 않았다. 하지만 그와 인터뷰해 본 바로는 커피에 대한 사랑과 열정, 그리고 데이터로 공부하는 노력 등에 모두 합격점을 주고 싶은 커피마스터였다. 물론 부산에는 오래된 휴고나 온천장역 쪽에 자리한 모모스와 같이 유명한 카페도 많다. 하지만 바우노바의 커피마스터와 인터뷰를 한 이유는 여행 동선하고 잘 맞아떨어진 이유도 있었지만 수많은 젊은 커피마스터를 대신한다는 점도 있다.

바우노바는 오래된 부산관광호텔 옆에 자리하여 여행자에게 휴식처가 될 만한 카페다. 그래서인지 저녁 시간에 일본 관광객들이 꽤 들어왔다. 바리스타에게 물어보니 평소에도 일본 관광객들이 많이 온다고 한다. 주머니 사정이 얇은 여행자의 경우 오직 객실만 예약하고 조식은 먹지 않는 경우도 많다. 나 또한 가족 여행을 가면 그렇게 하는 편이다. 그럴 때면 늘 아침 일찍 일어나서 호텔 주변 빵집이나 카페를 기웃거리며 아침 식사를 사 간다. 아마 일본 관광객들도 그러한 사람들이 분명 있을 것이다. 그렇게 보면 이 카페는 여행자의 한 끼 식사를 해결해 주는 고마운 카페인 것이다.

1층에는 로스팅 기계가 있어서 공간이 크지 않다. 야외 테라스 아래에서 커피를 마시기로 했다. 주문한 아이스 아메리카노가 마음에 들었다. 아메

＊부산 바우노바
주소 부산광역시 중구 광복로
97번길 6
전화 051-253-3757

리카노 역시 원두가 신선해야 된다. 무조건 볶아서 베리에이션하는 스타벅스나 일반 체인점 커피의 아메리카노와 로스터리 카페에서 마시는 아메리카노는 분명 다르다.

이렇게 이야기하면 많은 사람들이 그런다. "에이, 아메리카노가 다 거기서 거기지." 물론 맞는 말일 수도 있다. 하지만 커피 맛에 대해서 귀신같이 알거나 커피를 수시로 즐기는 마니아들은 금세 그 맛을 안다. 또한 개개인마다 좋아하는 체인점 커피가 있는 것도 사실이다. 자기 입맛에 맞는 커피가 가장 좋은 커피인 것도 인정한다. 하지만 조금만 더 관심을 가지고 커핑(Cupping)을 해 보면 아메리카노도 원두의 질, 신선도에 따라 차이가 나는 것을 알 수 있다. 물론 바리스타의 실력에 따라서도 차이가 나지만 말이다.

생전 처음 본 카페 사장하고 커피에 대한 이야기를 장시간 했다. 얼굴이 하얀 도시풍의 마스터였다. 그리고 젊다. 어디서부터 커피 이야기를 풀어 갈까 하다가 어떻게 커피에 빠지게 됐는지부터 물어봤다. 그는 원래 미술을 전공했다고 한다. 세부적으로 이야기하면 디자인 계열의 학과에서 공부를 했고 체코로 유학까지 갔었다. 하지만 인생이 늘 자기가 원하는 방향으로 가는 것만은 아니지 않겠는가. 여기 커피마스터도 진로가 여의치 않아 커피에 눈을 돌리게 됐고, 유럽에서 선진 커피 문화를 배우면서 자연스럽게 여기까지 왔다고 한다. 이야기를 나누다 보니 딱 커피만 공부한 사람이 아니었다. 문학예술에 대해서도 자기 주관이 확실하게 있는 사람이었다. 이렇게 여러 방면으로 노력하고 있으니 젊은 나이에 창업을 할 수도 있고, 커피에 대해서 좀 더 깊이 이해하고 있는 것이겠지. 특히 유학 시절에 동유럽 가이드도 몇 년 했다고 해서 동종업계 사람으로서 더욱 애정이 갔는지도 모른다.

"커피의 원재료인 생두의 품질을 평가하고 원두의 맛과 향을 감별하는 큐그레이더(Q-Grader) 자격증이 있다던데 도움이 되십니까?"

"노력의 대가이니까 도움이 많이 되지요. 하지만 큐그레이더 자격증은 보여주는 측면도 있습니다. 그래서 기존의 업계 사람들이 부정적인 생각을 가지고 있는 것도 사실이지요."

보헤미안의 박이추 선생이 바리스타 자격증이나 큐그레이더 자격증이 왜 필요하겠는가. 유럽의 수많은 커피 장인들 역시 큐그레이더 자격증을 가지고 있지 않다. 하지만 자격증을 가지고 있는 사람들도 분명 인정해 줘야 된다. 박이추 선생을 비롯한 여러 커피 장인들에 비해 늦게 커피에 뛰어들었으니 본인이 할 수 있는 환경에서 최선을 다한다는 것은 존중받을 만한 일이다. 특히 바우노바 커피마스터처럼 바른 생각을 가지고 있다면 말이다. 게다가 전 세계적으로 공인된 큐그레이더 자격증이 가장 많은 나라가 바로 우리나라다. 스펙을 쌓거나 무언가에 열정적으로 도전하는 정신은 커피업계에서도 예외가 아닌 듯싶다.

마스터와 함께 이런저런 이야기를 많이 나눴다. 커피에 대한 사랑과 지식이 참 많은 친구였다. 앞으로의 꿈은 고향 하동으로 가서 그림으로 치면 멋진 아틀리에를 두고 커피에 대한 창작 활동을 하고 싶단다. 공기 좋은 곳에서, 또한 넓은 작업장에서 로스팅을 하고 싶은 것이다.

요즘은 강릉의 테라로사처럼 많은 카페들이 도심 외곽으로 나가 좋은 환경에서 제대로 콩을 볶으려고 한다. 카페는 더 이상 여행을 하다가 들르는 부수적인 목적지가 아니다. 그 자체로 여행의 목적지가 되어 복합문화공간으로써 새롭게 태어나고 있는 것이다. 마스터에게 꼭 하동의 꿈을 이루라고 덕담을 한 후 발길을 돌렸다.

대한민국 최초를 찾아 떠나는 인천 여행

수도권 여행지 중에 의외로 인천이 갈 곳이 많다. 차이나타운, 월미도 바이킹, 세계 최고 수준의 인천공항, 을왕리 등 서울에서 가깝기 때문에 수많은 사람들이 인천을 찾고 있다. 그렇지만 딱 자랑하고 내세울 만한 여행지가 없는 것도 사실이다. 그나마 옹진군과 강화도가 편입되면서 행정구역상으로 엄청난 지원군을 얻었다. 그래서 인천 여행은 도심권 여행과 바다로 나갈 수 있는 섬 여행으로 분류하는게 설명하기가 편하다.

개인적으로 인천에서 떠나는 섬 여행지를 참으로 좋아한다. 자월도, 승봉도, 소이작도, 굴업도 등 이름만 들어도 설레게 하는 여행지가 인천광역시 소재지에 있다. 강화도는 또 어떠한가. 선사시대부터 근대까지 우리 전 역사를 관통했을 때 강화도만큼 유적지가 골고루 산재해 있는 여행지도 없다. 이렇게 많은 관광지가 있음에도 불구하고 전국구 스타 관광지가 없다는 것은 가야 할 곳이 매우 많기 때문일 것이다.

인천은 항구이다 보니 선진문물이 빨리 들어왔다. 부산과 원산에 이어서 1883년 1월, 우리나라에서 세 번째로 인천항이 개항됐다. 우리의 의지대로 된 것은 아니고

힘이 없어서 열강들에 의해 강제적으로 항구가 열렸다. 고려 시대 최고로 번성했던 시절도 있었지만 조선시대에 들어오면서 한적한 포구로 전락했다. 하지만 근대 개항 이후 급속도로 발전을 하기 시작하다가 영종도에 인천공항이 생기면서부터 세계적으로 유명한 도시가 됐다.

한반도 지형을 보면 인천은 호랑이의 생식기에 해당한다. 사람이나 동물이나 생식기는 종의 번성을 위해서나 생산을 위해서 가장 중요한 기관이다. 그만큼 역사적으로 중요한 지리적 조건을 갖춘 곳이라 할 수 있다. 수많은 물자가 들어오기도 했지만 인천을 통해서 전 세계적으로 뻗어 나갔던 것이다. 왕래가 잘 된다는 것은 흐름이 잘 통한다는 것과도 상통한다. 우리 인체 역시 기가 잘 통해야 피가 잘 돌고, 기운이 나며, 건강할 수 있다. 즉 한반도를 호랑이라고 비유했을 때 인천이 건강해야 우리나라가 잘 살 수 있다고 생각한다.

이번 인천 여행은 우리 가족 삼대가 함께 한 여행이었다. 도심권에서도 가장 유명한 지역만 골라서 다녀왔다. 내가 처음으로 인천을 갔을 때가 벌써 26년 전이다. 시골 촌놈이 처음으로 수도권에 올라와서 정착한 곳이 인천이었기에 각별

한 애정을 가지고 있다. 몇몇 사람들은 인천이 '짜다'는 편견을 가지고 있다. 갯벌을 메워서 살다 보니 그러한 말들이 회자됐던 것인데, 인심이 짜다는 편견은 억울할 정도다.

하지만 지금은 어떠한가. 송도국제도시가 들어서면서 글로벌도시로 거듭나기 시작했다. 무엇보다도 세계적으로 자랑할 만한 인천공항이 자기 고장에 있다는 것은 인천 시민의 커다란 자긍심이다. 그렇다. 인천 사람들은 드러내 놓고 자랑할 만하다. 나 또한 인천공항이 한없이 자랑스럽다. 세계 최고의 서비스와 시스템은 물론, 고객을 배려하는 그 씀씀이도 사랑스럽다. 이러한 점들로 인해 공항 운영 노하우까지 수

출하는 것이 아니겠는가.

　인천공항은 영종도와 용유도 사이의 바다를 메워서 만든 공항이다. 섬에 공항을 만들어 놓으니 비행기 소음 민원도 없고, 이보다 좋을 순 없다. 시원하게 뚫린 고속도로를 통해서 서울로 가다 보면 우리나라도 이제 정말 잘 사는 나라가 됐다는 것을 실감한다. 영종도의 옛 이름은 '제비 연(燕)' 자를 써서 자연도라고 불렀다. 제비와 비행기는 하늘을 난다는 공통점이 있다. 그리고 날렵한 것도 비슷하다. 대한민국에 수많은 예언적 지명이 있듯이 이곳도 그러한 운명을 타고나지 않았나 싶다.

　인천으로 가는 도로는 대체로 양호한 편이다. 특히 인천공항 쪽에서 배를 타고 갈 수 있는 무의도나 신도, 시도, 장봉도 같은 섬들은 큰 교통체증 없이 다녀올 수 있다. 하지만 강화도나 인천 도심권은 이야기가 다르다. 어느 정도의 교통체증은 감수하고 다녀와야 된다. 그나마 외곽으로 고속도로가

뚫리면서 예전보다는 나아졌다. 날씨가 좋을 때면 월미도로 가는 도로가 밀린다. 다른 관광지가 많이 생기면서 인천의 랜드마크, 월미도의 명성이 떨어지기는 했지만 '썩어도 준치'라고 여전히 월미도는 인천 관광의 대표 선수이다.

그렇다면 사람들은 왜 월미도에 가는 걸까? 첫 데이트와 같은 옛 추억을 떠올리며 다시 찾거나 어쩌면 그저 놀이기구를 타기 위함일 수도 있다. 언젠가부터 월미도는 섬이 아니다. 60여 년 전에 메워져 육지가 됐지만 사람들은 여전히 육지보다는 섬으로서의 월미도를 더 사랑하는 듯하다. 때로는 월미도 입구 삼거리에서 좌회전하여 이민사박물관이 있는 쪽으로 들어가는 것도 좋다. 오른쪽으로 이민사박물관이 있고, 그 주변에 운동장과 잔디밭이 잘 가꿔져 있어 놀이시설이 밀집해 있는 쪽보다 훨씬 한가한 느낌이 든다.

우선 차를 대고 이민사박물관으로 들어간다. 월미도에 간다고 하면 늘 적극 추천하는 여행지 중 하나이다. 갈 때마다 가슴이 아픈 곳이기도 하다. 특히 아이를 동반한 여행자라면 꼭 한번 들러서 우리나라 이민의 역사를 알아보는 것도 의미 있는 일이다. 이곳에 가면 수많은 민족의 이민에 대해서 생각해 보게 된다. 무엇이 그들을 떠나게 했던 것일까. 아마도 가난이라는 현실이 가장 크지 않았나 싶다. 미국이 어떤 나라인지, 하와이가 어떤 섬인지 아무런 정보도 없이 그저 이곳보다는 살만하겠단 생각을 가지고 조국을 떠났을 것이다.

박물관에서는 그들이 가지고 간 물품과 타고 갔던 배, 사탕수수 농장에서의 생활 등 험난하고 슬픈 역사를 한눈에 볼 수 있다. 알아들을 만한 큰딸을 데리고 다니면서 이것저것 설명해 줬다. 지금의 대한민국은 저들의 노력이 있었기에 가능했던 것임을, 이를 바탕으로 지금의 자유로운 공기와 부유한 생활을 할 수 있게 됐음을. 이제는 제법 머리가 컸는지 딸아이도 느끼는 바가 있는 듯하다.

2층으로 되어 있는 박물관은 짜임새 있게 잘 꾸며 놓았다. 지금의 인하대학교는 하와이 이주노동자들의 성금과 국민모금으로 설립될 수 있었다고 한다. 인천의 '인'과 하와이의 '하'를 조합해서 '인하'라는 이름이 된 것이다. 또한 해외에 나가 광부로, 간호사로 일하며 조국으로 돈을 부친 피눈물 나는 사연을 보고 있노라면 숙연해진다. 그 당시 발행했던 여권과 모집 광고, 출발하기 전 사진, 하와이로 떠난 총

각들이 결혼할 때가 되자 그들의 사진만 보고 떠나간 처녀들. 참으로 많은 것을 생각하게 한다.

흩어진 사람들이라는 뜻의 디아스포라(Diaspora). 유대인, 한민족 등 세계사에는 눈물겨운 디아스포라가 많다. 그들은 수많은 이유로 중심에서 주변부로 밀려났을 것이다. 때론 그 디아스포라가 말도 안 되는 억지로 또 다른 디아스포라를 만들어 내기도 했지만 타의로 떠돈다는 것은 고통스러운 일임에 틀림없다.

요즘 우리나라는 다문화를 빼고서는 이야기하기 어렵다. 그만큼 다른 나라에서 많은 사람들이 시집을 왔거나 이민을 와서 살고 있다. 나가는 사람보다 들어오는 사람이 훨씬 많은 것이다. 이민사박물관에서 그들의 아픔에 동감한 사람이라면 우리나라에서 살고 있는 수많은 다문화 가정을 감히 차별하진 못할 것이다. 있는 그대로 봐주면 좋겠다. 더하지도 덜하지도 말고 들숨 날숨으로 자연스럽게 말이다.

박물관에서 나오자 여기저기 가족 단위로 잔디밭에서 놀고 있다. 탁자도 놓여 있어 쉬기도 좋다. 그렇게 슬슬 놀이공원 쪽으로 발길을 돌린다. 아이들은 놀이기구를 탈 생각에 신이 났다. 지상으로 가장 높이 올라가는 것은 자이로드롭과 관람차이다. 관람차는 놀이공원의 시각적 상징이지만 정말 시각적인 랜드마크일 뿐 인기는 별로 없다. 월미도에서는 대부분이 바이킹을 타고 싶어 한다. 특히 90도 각도로 올라가는 바이킹은 흥분의 끝판 왕쯤 된다. 하지만 언제부터인가 바이킹에 도전장을 낸 놀이기구가 있으니 바로 디스코 팡팡이다. 아마 지금은 디스코 팡팡의 인기가 더 높지 않나 싶다.

대체 뭐지? 쪼끔 한 게 화끈하다. 여기에 DJ의 말발 또한 재치 있으면서 현란하다. 한 30여 분을 지켜보면서 인기 비결의 결론을 냈다. 이건 집단 관음증과 DJ 입심의 힘이다. 이 놀이기구는 핑핑 돌고 팡팡 튀겨주는 것이 주가 아니다. 중요한 것은 탑승객과 DJ의 입심이다. 여기에 치마를 입고 타는 여자들의 과감성도 보태진다.

어쩌면 타는 사람들의 입장에서는 좀 더 자극적이게 돌려주고, 팡팡 튀게 해줘야 되는데, 본말이 전도된 느낌이다. 그래도 신기한 건 대부분이 즐거워한다는 사실이다. 특히 보는 사람들이 말이다. DJ의 말발이 재미있어서 다 용서되는 듯하다. 유머코드 자체가 타인을 비하하는 내용이 주종을 이루지만 밉지가 않다. 디스코 팡팡과 놀이공원 자체가 2류, 3류 느낌이 나서 그럴 수도 있다. DJ가 말한다. 돈 많으면 롯데월드를 가지 뭐 하러 여기 오느냐고. 돌직구도 이런 돌직구가 없다. 아마 공중파에서 이러한 개그를, 더구나 타인 비하를 한다면 바로 하차감이다. 어쨌든 많은 사람들이 좋아한다.

이곳에서는 인천대교로 해서 연안을 한 바퀴 돌아오는 유람선도 탈 수 있다. 꼭 유람선을 타지 않더라도 바다 같지 않은 바다도 볼 수 있다. 그러고 보니 디스코 팡팡 DJ가 말하길, 지난주에 부산에서 온 학생들이 있어서 여기까지 뭐 하러 왔냐고 물으니 바다 보러 왔다고 했단다. 엉? 부산 사내들이 바다를 보러 월미도에 왔다니. 그만큼 월미도의 매력은 무한한 듯하다. 초상화가들이 자리한 거리와 바다를

끼고 있는 식당들, 시중보다 몇 배는 큰 소시지와 꼬치, 붕어빵, 호떡 등 길거리 음식까지. 볼거리와 놀 거리는 물론 다양한 먹을거리들로 인해 사람들의 발길이 끊이지 않는다.

이민사박물관과 함께 특별히 한 곳을 더 추천한다면 월미산 중턱에 있는 월미전망대를 꼽고 싶다. 이민사박물관 바로 옆에서 올라갈 수 있다. 한 20여 분만 오르면 금방이다. 이곳에 서면 갑문이 손에 잡힐 듯이 가깝게 보인다. 또한 송도와 인천내항, 자유공원도 눈에 들어온다. 인천이 복잡해서 어디가 어딘지 헷갈리는 사람들은 이곳에 올라와 내려다보면 어느 정도 정리가 될 것이다. 전망대에는 카페가 있어서 인천의 여러 곳을 조망하며 커피를 마실 수도 있다. 솔직히 외부 전망은 굉장히 좋았는데, 커피는 별로였다. 진하게 달라고 했는데도 맛이 영 밍밍했다. 이럴 땐 참 난감하다. 마시기는 다 마셔야 할 것 같은데, 입에는 안 맞고, 양은 또 좀 많은 게 아니다.

월미도에서는 놀이기구 몇 개를 타고, 해안가 산책을 하면 시간이 금세 가 버린다. 거기다 전망대, 이민사박물관까지 보려면 마냥 놀이공원에서 시간을 보낼 수도 없다. 이번 여행의 마지막 코스는 차이나타운이다. 노느라 배가 출출한 사람들이 이곳에서 여러 가지 먹방투어를 한다. 길거리 음식도 많고, 특히 중국음식을 좋아하는 사람들은 꼭 들르는 필수 코스이다.

우리나라 최초의 짜장면은 인천에서 시작됐다. 싸움에서 선빵(?)이 중요하듯이 무슨 분야든지 처음 시작이 중요하다. 그래서 후발 주자들이 원조를 따라잡으려면 몇 배의 노력이 필요한 것이다. 솔직히 대한민국 짜장면의 맛은 춘장이 비슷하기 때문에 거의 다 비슷하다. 그래도 분위기 때문인지 차이나타운에서 먹는 짜장면은 왠지 더 맛있는 것 같다. 물론 기대가 커서 실망하는 사람도 있지만 이곳에 올 때면 탕수육과 짜장면을 먹어줘야 기분이 난다.

　　주말이라 사람이 많다. 예전에 없던 청마가 떡하니 입구에서 있다. 크기도 실제 크기만 해서 꽤 높다. 아이들이 좋아 한다. 기념사진을 찍고 바로 차이나타운 구경에 나선다. 자유공원 쪽으로 올라가다가 왼쪽으로 방향을 잡으면 좌우로 식당들이 즐비하다. 100m 정도 가면 본격적으로 차이나타운 거리가 나온다. 사람이 어디서 이렇게 모여드는지 명동거리 저리 가라다. 말만 한국말이지 마치 중국의 어느 도시를 걷는 듯한 기분이다. 먹을거리도 대부분 중국식이다. 사람들이 줄지어 있는 길거리 음식도 심심치 않게 볼 수 있다.

　　화덕만두로 유명한 십리향에는 언제나 사람이 많다. 찐빵만 한 만두가 불티나게 팔리는데, 이곳의 맛은 파스타를 삶을 때 가장 이상적인 상태를 말하는 '알덴테(Al Dente)'와 정반대라고 할 수 있다. 알덴테는 겉은 부드럽지만 속에 약간 딱딱한 심이 씹히는 상태를 뜻한다. 십리향의 화덕만두는 겉이 약간 딱딱하고 속은 부드럽다. 항아리 같은 화덕에서 노릇노릇하게 익은 만두가 먹음직스럽다. 고구마, 단호박 만두도 인기가 있지만 개인적으로 고기 만두가 가장 맛있었다.

　요즘 들어 어디를 가든 줄지어 기다리는 식당들이 많다. 길거리 음식도 마찬가지이다. 이러한 현상을 어떻게 이야기해야 할까. 호기심, 아니면 유행을 따르지 않으면 왠지 낙오될 것만 같은 심리? 그래도 무언가를 사고 먹기 위해 줄을 서서 인내하는 사람들이 참 대단해 보인다. 그런데 한편으로는 백화점 식품관이며 길거리 식당, 그리고 유명 식당들이 일부러 줄을 세운다는 느낌도 든다. 마케팅의 일환으로 일정 부문의 공급을 제한하면서 사람들을 안달 나게 하는 것이다. 식당이 아주 잘돼도 규모를 더 키우지 않는 식으로 말이다. 물론 손님 입장에선 시간을 할애한 만큼 만족도가 크기 때문에 이를 감수하는 게 아닐까 싶다.

　길거리에서는 커피체리를 닮은 탕호루 과일꼬치를 팔고 있다. 중국 여행을 해 본 사람은 이 과일꼬치에 대해 잘 알 것이다. 색깔이 예뻐서 아이들이 먹고 싶어 한다. 단 것을 싫어하는 어른들에게는 별로지만 아이들에게는 인기가 많은 식품이다. 겉은 딱딱해서 사탕처럼 빨아먹다가 나중에 안에 있는 딸기를 먹으면 된다.

공화춘에도 줄이 길다. 지금의 공화춘은 우리나라에서 맨 처음 짜장면을 팔았던 그 공화춘이 아니다. 그렇지만 사람들은 원조 집의 이름 때문에 이 식당으로 많이 들어간다. 우리도 그곳에서 짜장면과 탕수육을 먹었다. 짜장면은 우리의 삼선짜장 같은 식이다. 양도 좀 많다. 가격은 10,000원 정도 하니 일반 짜장면에 비하면 비싼 편이다.

짜장면! 라면과 함께 우리나라를 대표하는 패스트푸드가 아닌가 싶다. 어릴 적 읍내 장에 갔다가 어머니와 처음으로 짜장면을 먹었다. 처음 먹어본 정체불명의 까만 국수가 어찌나 맛있던지. 하지만 그 시절에는 아무 때나 먹을 수 있는 음식이 아니었다.

내 평생 가장 잊을 수 없는 짜장면은 고등학교 1학년 때 아버지와 함께 먹었던 짜장면이다. 기마전을 하다가 오른쪽 고막이 터졌었다. 마침 어머니가 서울에 가셨을 때여서 누구한테 말도 못하고 속으로만 끙끙 앓고 있었다. 아버지가 너무 엄해서 혼날까 봐 이야기하기 겁이 났던 것이다. 그 상태에서 뭔 정신으로 면민체육대회를 하는 중학교에 갔는지 모르겠다. 윙윙거리는 상황에서도 한참 동안 축구 구경을 하고 있는데, 친한 친구가 나를 불렀다. 네 아버지가 오셨다고. 깜짝 놀랐다. 아버지가 여기에 왜 오셨지? 늘 흙 묻은 옷만 입던 분이 그날은 허름한 양복까지 걸치셨다. 아버지는 나를 보자마자 나무랐다. 왜 이야기하지 않았느냐고.

아버지와 함께 정읍으로 가는 완행버스를 탔다. 털털거리

는 비포장도로를 1시간은 달린 것 같
다. 정읍시 천원 면소재지에서 내렸
다. 구불구불한 논길과 커다란 방죽
하나를 지나서 도착한 곳은 산 밑 기
와집이었다. 허연 수염을 기른 어르
신이 진맥을 하고 있었다. 시골 한약
방이었던 것이다. 고막이 터졌는데
읍내 병원에 가지 않고 시골 한약방
이라니!

입 다물고 코를 잡고 숨을 불어
보란다. 오른쪽 귀에서 바람이 쉭쉭
센다. 고막이 찢어졌단다. 그때 침을
맞지는 않았지만 처방으로 하얀 약
가루를 귀에다 넣어 줬다. 지금 생각
해 보면 어떻게 그런 처방이 나왔는

지 의아하지만 그때는 달리 방법이 없었다. 약을 받아서 한약방을 막 떠나려는데,
로스팅 1차 파핑 때 나는 타닥타닥 소리가 들리는가 싶더니 여름 소낙비가 세차게
내리기 시작했다. 어쩔 수 없이 한약방 툇마루에 앉아 비가 그치기만 기다렸다. 마
치 소설 속 한 장면처럼 수십 년이 지난 지금도 그때의 풍경이 선하다.

비가 그치자 다시 천원 소재지로 나왔다. 점심때가 됐는지 아버진 묻지도 않고
허름한 면소재지 짜장면 가게에 들어갔다. 아버지와 처음으로 먹었던 짜장면. 맛도
있었지만 나에게 그 짜장면은 아버지의 부정(父情)으로 버물어진 짜장면이었기에
아직까지도 잊을 수 없다. 평소 애정 표현을 거의 하지 않으셨던 당신이었기에 그날
의 동행은 내 생애 가장 강렬한 추억으로 남은 아버지와의 첫 여행이었던 것이다.
어느 누가 눈물의 짜장면을 먹어보지 않았겠는가. 그만큼 대한민국 사람들에게 짜
장면은 각별한 음식이다. 이제는 아흔네 살이 되신 나의 아버지. 부정의 징표로 남
은 짜장면이 사라지지 않는 한 진한 그리움으로 아버지를 생각할 것이다.

공화춘 옆으로 난 계단을 올라가면 자유공원으로 가는 길이다. 우리나라 최초의 서구식 공원으로, 맥아더 장군 동상이 있는 곳이기도 하다. 공원에서 월미도 쪽을 바라본다. 한일합방이 되기 전에 수많은 일본 사람과 청나라 사람, 서양 사람들이 언덕배기 아래서 살았을 것이다. 남의 나라 땅에서 자기들 맘대로 상행위를 하고, 이권을 챙겼던 그들. 힘없던 시절의 아픔이 고스란히 배어있는 곳이 지금의 인천이다. 그래서 인천에 가면 이러한 아픈 역사를 잊지 말아야 한다. 지금이야 그들과 대등한 경제적 지위를 가지고 있지만 까딱 잘못하면 옛날

로 돌아가지 말란 법이 없다. 자유공원을 뒤로 하고 다시 차이나타운 정문 쪽으로 내려온다.

한다면 하는 나라, 대한민국. 못살아서 외국으로 팔려가듯 떠났던 우리 민족을 생각해 보면 지금의 풍요가 불안하기까지 하다. 더욱 정신을 바짝 차리고 살아야 할 것이다. 이번 인천 여행은 대한민국 최초를 만나 본 여행이었다. 그 최초가 자발적으로 이루어진 최초가 아니라 외세에 의해 어쩔 수 없이 된 것이라는 게 아쉽기는 하다. 그러나 지금 인천은 대한민국의 관문으로서 그 역할을 충분히 해내고 있다. 인천의 힘으로 세계를 향해 포효하는 호랑이를 기대해 본다.

04
인천 커피하우스
대불호텔

우리나라 최초의 커피하우스는 어디였을까? 커피에 빠진 사람이라면 한 번쯤은 궁금했을 것이다. 1,000년 전 에티오피아의 칼디라는 목동이 커피체리를 먹은 산양들의 행동에 관심을 가진다. 그때부터 커피에 각성 효과가 있다는 사실이 알려져 전 세계적으로 전파됐다는 전설이 있다. 또 다른 유래가 있기는 하지만 여기서는 칼디만 언급하기로 한다. 그래서 커피투어를 다니다 보면 칼디라는 이름의 카페를 심심찮게 발견할 수 있다. 어떤 분야가 됐든 무언가를 처음 시작한 역사적 인물은 후세 사람들에게 두고두고 회자가 되는 것이 당연하다. 그만큼 뭔가를 발견하고 창조한다는 것이 위대한 일이자 역사적인 일이기 때문이다.

인천에는 그러한 최초의 장소가 참 많다. 최초의 공원, 최초의 호텔, 최초의 기차 등. 커피 관련 책을 보면 우리나라에서 처음으로 커피를 마셨던 장소로 정동의 손탁호텔이 등장한다. 하지만 어떤 사람들은 이곳보다 더 먼저 호텔 서비스를 시작한 인천의 대불호텔에서 커피를 처음 마셨을 것이라 주장하기도 한다. 어느 곳이 먼저였다고 이야기하기 어려운 것은 실질적인 증거가 없어서다. 추정은 마음대로 할 수 있지만 근거가 될 만한 증거가 없다는 것이 안타깝다. 개인적으로는 대불호텔에서 커피가 제공됐을 것이라 추정한다. 보통 호텔에서 식사를 하면 후식으로 커피를 내오는 관례가 있기 때문에 대불호텔에서 처음으로 커피를 팔았을 가능성이 있다.

이렇게 서양에서 들어온 커피는 고종이 무척 사랑했다. 근대 문명을 받아들이기 시작했을 때 이

1900년대 초의 대불호텔

*인천 대불호텔
주소 인천광역시 중구
중앙동1가 18

인천

를 가장 먼저 이용한 사람이 고종황제 아니었겠는가. 우리나라 최초의 자동차도 고종이 가졌다고 하니 말이다. 처음 마셔보는 커피의 맛은 상당히 이국적이었을 것이다. 전통차와는 색깔도 다르고, 그 독특한 쓴맛도 익숙하게 다가왔을 리가 없다. 하지만 이내 문학인이나 예술인, 그리고 지식인들 사이에서 인기 있는 음료로 자리 잡기 시작했다. 그렇게 커피는 대한민국에서 빠르게 전통차를 대신하였다.

서울의 카카듀는 한국인이 개업한 최초의 다방이다. 카카듀와 같은 커피집이 하나둘 생기면서 예술인들의 아지트로 자리 잡기 시작했다. 그런데 한반도에서 전쟁이 일어나면서 미국의 인스턴트 커피가 미군부대로부터 흘러나오기 시작한다. 그 시절 미제 커피야말로 최고의 선물이 아니었나 싶다. 그러다가 1970년대에 동서식품이 커피를 만들면서 급속도로 다방이 번성하게 된다. 1988년 88올림픽이 열릴 즈음에는 쟈뎅이라는 커피 전문점이 나오면서 '둘, 둘, 둘' 공식을 깬, 그러니까 전통의 다방커피에 대항한 원두커피 전문점이 번성하기 시작했다. 원두를 갈아서 커피를 내려 마시는 행위가 고급 커피의 대명사처럼 통용되던 시절도 있었다. 하지만 이것도 10년 천하였다. 1999년 이화여대 쪽에 우리나라 최초의 에스프레소 전문점인 스타벅스가 들어오면서 커피의 역사를 다시 쓴 것이다.

그 이후로 커피 산업은 기하급수적으로 발전했다. 여전히 다방커피를 마시는 사람들이 있고, 에스프레소 전문점도 호황이다. 그러나 최근에는 좀 더 고급 원두를 쓰거나 생두를 직접 수입해서 가게에서 볶는 로스터리 카페가 빠르게 늘고 있다. 커피 산업이 어디까지 발전할지 예측하고 지켜보는 것도 참 흥미로운 일이다. 이렇게 발전할 수 있었던 것은 커피 하나에도 각자의 개성을 생

음이 주는 경건성과 신성은 거의 종교적이기까지 하다. 그래서 수많은 사람들이 그러한 곳을 찾아 순례길을 나서거나 경배를 올리는 것이다.

이러한 역사성에도 불구하고 인천에는 맛있는 카페가 많지 않다. 중구청 바로 앞에 있는 바그다드, 신포동 방향의 풍선넝쿨, 프렌치빌 정도가 그런대로 아쉬움을 달래준다. 어서 빨리 대불호텔 터에 근사한 카페가 하나 생겨서 역사적인 장소에서 맛있는 커피를 한잔 마시고 싶다. 이곳에서 처음 커피를 마셨던 사람은 가난한 대한민국의 커피산업이 이렇게나 발전하게 될 것이라고는 상상도 못 했을 것이다. 커피 하나만 봐도 대한민국은 참으로 대단한 나라가 아닐 수 없다.

커피업계로 진출을 꿈꾸는 사람이거나 앞으로 커피 공부를 해서 근사한 카페를 하나 차리고 싶다면 이러한 역사가 살아있는 인천 대불호텔 자리도 한번 가 볼 일이다. 단순하게 커피 내리는 기술만 배워서 카페를 차리는 것보다는 인문학적으로 커피에 관련된 많은 공부를 하는 것이 중요하다. 커피를 깊이 있게 공부 한다면 분명 어떠한 시련에도 더 단단히 버틸 수 있는 맷집이 생기는 것이다.

대한민국 사람이라면 백두산에 꼭 한번 가 보고 싶을 것이다. 그곳이 우리 민족의 시원이기 때문이다. 커피도 마찬가지이다. 커피가 맨 처음 들어와서 일반 대중이 마셨던 공간은 어쩌면 커피계의 백두산 같은 존재가 아닐까 싶다. 비록 지금은 빈터만 남았지만 역사적인 자리에 서서 커피에 대한 각오를 다지는 것도 의미 있는 일이다. 개인적으로 에티오피아 예가체프나 예멘의 모카를 꼭 한번 방문하고 싶은 마음처럼 말이다.

각하는 소비자와 그들의 입맛에 맞추기 위한 업계의 끊임없는 노력 때문이 아닐까 싶다.

인천 차이나타운 관광지구에는 자유공원, 아트플랫폼, 근대거리, 신포시장까지 한나절 즐겁게 보낼 수 있는 장소가 많다. 특히 먹을거리가 많아 이것저것 먹으면서 다니는 재미가 쏠쏠하다. 차이나타운에서 중구청 방향으로 가다 보면 대불호텔 자리가 빈터로 남아있는 것을 볼 수 있다. 개인이 건물을 지으려고 했으나 주춧돌이 발견되면서 공사가 중단되었다고 한다. 현재는 인천시에서 대불호텔 터를 보존하고 활용하는 방안을 모색 중이다.

감회가 새롭다. 커피에 빠져 전국으로 유명하다는 카페를 찾아 헤매고 다녔는데, 확실하지는 않으나 우리나라에서 처음으로 커피를 마셨을 수도 있는 자리에 서 있는 것이다. 자연이든 인문이든 시원의 중요성은 두말할 필요가 없다. 그만큼 처

만인이 사랑할 만한
군산 여행

울에서 3시간이면 갈 수 있는 곳, 군산. 지금껏 군산을 다니면서 써 왔던 장소는 피하려 한다. 그렇다고 해서 새로운 곳도 아니다. 늘 그 자리에 있었지만 크게 주목을 받지 않았던 곳을 중심으로 이야기할까 한다.

서해안고속도로 옆으로 벚꽃이 터질 듯 말 듯 반만 피었다. 시내 쪽은 피었겠지 애써 태연한 척하며 서쪽 방향으로 운전을 한다. 지난번 군산 여행에서 은파호수를 발견한 후, 벚꽃이 피면 더욱 멋질 것 같아서 다시 찾은 여행이다. 그래서 벚꽃이 피었는지, 안 피었는지는 이번 여행의 키워드였다.

이름도 예쁜 은파호수. 군산 시민에게 엄청난 사랑을 받고 있다. 벚꽃 축제 기간이라 사람들이 많다. 그런데 사실 벚꽃 축제 인파라 치면 적은 편이다. 군산대학교

정문 쪽으로 벚꽃이 반쯤 피어있어서 내심 기대를 했는데, 호수 주변으로는 벚꽃이 거의 피지 않았다. 안내소에 가서 따져볼까? 왜 꽃이 피지 않았느냐고, 분명 당신들이 이번 주말에는 활짝 핀다고 했는데……. 하지만 소용없다. 내가 잘못 챙겨서 생긴 일인데, 그리고 하늘이 이렇게 만든 것을 어찌하랴!

그래도 봄기운이 완연하다. 호숫가에 꽃도 피고, 나무데크 산책로를 따라 버드나무 새순이 낭창낭창 바람에 흔들리고 있다. 은파호수의 화룡점정 물빛다리까지는 왕복 1시간이면 충분하다. 한결 가벼워진 옷차림에 봄을 더욱 실감한다. 멀리 호수 건너편에도 사람들이 많다. 산책하는 사람, 관광 온 사람 모두가 호수를 보며 걷고 있는 풍경이다. 한 10여 분 걸으면 물빛다리가 보이면서 이국적인 풍경이 펼쳐진다. 음악도 들리고 분수대에서는 이른 물줄기가 파란 하늘을 향해 솟구친다. 벚꽃이 만개하지 않아 서운한 마음을 이곳 물빛다리 쪽에서 날려 버린다. 호수 이쪽과 저쪽을 연결한 물빛다리는 군산의 새로운 명물이다. 누가 설계했는지 그런대로 예쁘게 잘 뽑았다.

바람에 머리칼이 휘날린다. 청춘남녀의 선글라스가 이국적인 다리의 모습과 묘하게 잘 어울린다. 마치 스위스 루체른 호수 마을에 온 듯하다. 물빛다리에 지붕을 만들고, 난간에 꽃만 걸어두면 영락없는 루체른 꽃다리이다. 은파호수는 외지인이라면 꼭 한번 들러 볼만한 명품 호수이다. 흐드러지게 벚꽃이 피면 더욱 빛을 발하는 곳이다. 벚꽃 터널을 지나면 메타세쿼이아가 있어서 운치를 더한다. 거기서 조금만 더 걸어가면 저수지 둑이 나온다. 둑길을 따라 걸어보는 것도 색다르다. 둑 바로 아래쪽으로는 아파트 단지가 보이고 그 너머로 군산이 낳은 시인, 고은 시인의 생가가 지척에 있다.

저수지 가장 아래쪽에서 호수를 산책하는 사람들을 바라다본다. 아마 고은 시인도 이쯤 어디에서 호수를 보며 생각에 잠겼을 것이다. 생각만으로도 가슴 벅찬 일이다. 세대를 뛰어넘어 그분과 공감할 수 있다는 것이 참으로 행복하다. 대상은 다르지만 당신은 시간과 공간을 뛰어넘어 수많은 사람들의 이야기를 『만인보』라는 대

서사시로 만들어내지 않았던가. 위대한 시인이 나서 자랐던 곳에 서 있게 된 것이다. 그래서 군산은 축복받은 도시이다. 고창 하면 서정주 시인이 떠오르고, 옥천 하면 정지용 시인이 떠오르듯이 군산 하면 고은 시인이 생각난다. 감히 내가 어떻게 이분을 평가하랴.

늘 노벨문학상 후보에 거론이 되는 대단한 분이지만 사람들은 고은 시인에 대해 잘 모르는 것 같다. 나 또한 마찬가지였다. 재작년인가 『순간의 꽃』이란 시집을 접하면서 그에 대한 생각이 완전히 달라졌다. 왜 이 나이 먹도록 그분에 대해서 잘 몰랐을까. 그의 작품을 통해서 새로운 면모의 고은 선생을 만나게 된 것이다. 그 시집에서 특히 인상 깊었던 시가 있다. 제목은 없고 그냥 『순간의 꽃』에서 비교적 긴 시에 속했던 작품이다.

저의 니르바나는 떠도는 니르바나입니다
저는 이것을
바람으로부터 배웠습니다
구름
비
도랑물
그런 것들로부터 또 배웠습니다

저는 영영 떠도는 학생입니다

    많은 사람들이 이 시를 통해 느끼는 바가 많겠지만 나와 같이 여행을 업으로 삼는 사람들에게는 특히 와 닿는 시가 아닌가 싶다. 당신의 니르바나를 떠도는 열반이라 하셨다. 그러한 것들을 구름, 비, 도랑물로 배웠다고 한다. 아, 무슨 말이 더 필요하단 말인가! '우리는 영영 떠도는 학생입니다' 이 시구도 우리를 반성케 한다. 그렇다. 우리는 평생 마음을 낮춰 자연으로부터 끝없이 배우는 학생이 되어야 할

것이다. 사람에게서, 책에서 배우는 지식도 중요하지만 겸허한 마음으로 자연에게 배우는 것이야말로 가장 커다란 지혜가 아니겠는가.

고은 시인, 그가 이 땅에 태어난 것은 우리의 축복과도 같다. 자연에서뿐만 아니라 시인의 시에서도 많은 것을 배우도록 할 것이다. 돌아다닐 때가 가장 행복하다고 느끼면서 살아왔는데, 고은 시인도 마찬가지였나 보다. 아마 그래서 많은 사람들이 그를 두고 바람의 시인이라 하는 게 아닐까.

다시 주차장 쪽으로 향한다. 오리배도 보이고, 모터보트를 타며 호수를 즐기는 사람들도 보인다. 모두가 따뜻한 봄바람을 즐기며 행복해 하는 모습이다. 은파호수를 뒤로하고 전국에서 유일한 일본식 사찰인 동국사로 향했다. 군산은 근대문화유산을 둘러볼 수 있는 보고이다. 아픈 역사의 산물이기도 하나 그러한 건축물로 인해서 현대에는 많은 사람들이 군산을 찾고 있나. 지속적으로 근대건축물을 홍보하고, 또한 많은 사업비를 들여서 정비를 해 놓았다. 예전에 군산을 다녀

왔다고 해도 다시 한 번 찾아야 될 것이다.

명산사거리에서 조금만 걸어 들어가면 동국사가 나온다. 우리나라 사찰처럼 일주문이나 사천왕문은 없지만 바로 본전 앞마당으로 들어서면 커다란 일본식 대웅전이 보인다. 그 앞에 서면 잠시 내가 일본의 어느 사찰에 와 있는 듯한 착각을 하게 된다. 동국사는 우리나라 조계종에 속해 있으며 국가등록문화재 제64호로 지정되어 있다. 우리나라에 남아있는 유일한 일본식 사찰로, 일제강점기인 1909년 내전불관화상이 개창했다. 대웅전은 1913년에 창건된 건축물이다. 흑과 백의 조화가 우리나라 사찰하고는 또 다른 맛이다. 담백하다고 해야 할까. 아마 단청이 없어서 그러한 느낌이 나는 듯하다. 우리나라의 고건축과는 다름을 확연하게 느낀다. 건물 높이의 비례에서도 다르고, 또한 같은 팔작지붕 양식이지만 용마루의 선과 합각의 경사도, 지붕의 크기와 추녀의 길이 역시 상당히 다르다. 비슷한 것 같지만 전혀 다른 느낌. 이러한 차이를 찾아보는 것도 동국사의 쏠쏠한 재미가 아닌가 싶다.

대웅전 앞에 있는 종각이나 거기에 매달려 있는 종도 이색적이다. 대웅전 옆으로 난 문을 통해 안으로 들어갈 수도 있다. 색다른 느낌이다. 유일하다는 것은 늘 사람들의 관심을 받기 마련이다. 하지만 동국사는 아직까지 많은 사람들의 관심을 받아오진 못했다. 아마 군산의 근대문화유산이 더욱 사랑받게 될 때 동국사도 같이 뜨지 않을까 싶다.

다시 도로 쪽으로 되돌아 나오면 왼편으로 근대역사경관지역이 조성돼 있다. 크게 볼거리가 많지는 않지만 커피도 마실 수 있고, 숙박시설도 근대식으로 지어놔서 많은 관광객들이 이곳에서 묵고 간다. 전통한옥과 현대 시설의 중간 정도이기 때문에 아마 일본식 숙박 시설을 체험하고 싶다면 가족이나 친구끼리 한 번쯤 머물만한 숙소이다. 보통 군산 근대건축물을 관광할 때는 근대역사박물관 쪽에 차를 주차하고, 그곳을 중심으로 도보 여행을 하는 것이 좋다. 박물관에서 걸어서 보통 20~30분 내에 많은 근대건축물이나 볼거리들이 산재해 있다. 때문에 차로 복잡하게 다니지 말고 걸어서 다니는 것이 훨씬 효율적이다. 지도도 박물관에 준비돼 있어서 쉽게 찾아다니면서 여행할 수 있다.

이렇게 도보 여행을 하다 보면 출출할 때가 많다. 이때 군산에서는 빵을 먹어줘

야 한다. 대한민국에서 가장 오래된 빵집이 이곳에 있기 때문이다. 이름 하여 이성당 빵집. 언론에도 숱하게 나온 전국구 빵집이다. 특히 단팥빵하고 야채빵이 유명해서 긴 줄을 각오하지 않으면 먹을 수 없다.

배도 출출하고 사진도 찍어야 했기에 이성당 빵집으로 방향을 잡았다. 구 시청 사거리 쪽으로 걷는다. 근대화건축물이 없는 군산 시내는 여느 작은 지방도시와 별반 다를 게 없다. 천천히 걷다보니 저 멀리 긴 줄이 보인다. 마치 대형마트 사은행사 때 서는 줄처럼 사람들이 많다. 그들에게서 기다리는 지루함은 없어 보인다. 아마 조금 있으면 살 수 있는 빵 때문일 것이다. 대체 빵이 얼마나 맛있기에 저 줄을 감수한단 말인가. 줄은 빵집 안 판매대, 아니 배급대 안에서부터 가게 밖으로 나와 구 시청 사거리 코너를 돌아서까지 늘어져있다. 참 대단하다. 프랜차이즈 빵집에 치여 동네 제과점들은 문을 닫는다고 하던데, 군산에서는 달나라 이야기인 듯싶다.

꼭 단팥빵과 야채빵을 사려는 게 아니라면 줄을 서지 않아도 된다. 그 긴 줄은 오직 두 빵만을 위한 줄인 것이다. 시간도 없고 꼭 단팥빵을 먹어 봐야겠다는 강박도 없어서 줄을 서지 않았다. 가게 안은 정말이지 도떼기시장이 따로 없다. 주인인 듯한 아저씨가 단팥빵과 야채빵만 배급해 주고 있다. 그 외의 빵은 자유롭게 고르면서 살 수 있지만 빵이 별로 없다. 그래도 부모님께 드릴 것과 우리 식구 먹일 빵을 이것저것 골라 담았다. 유명하다는 빵은 사지도 못하고 다른 빵만 잔뜩 사는 내 꼴이라니. 잠깐 사진도 찍을 겸 빵 나오는 공장 쪽으로 가 본다. 최대한 불쌍한 척을 하며 취재를 나왔는데 빵도 안 먹어 보고 어떻게 글을 쓰겠느냐, 정말로 죄송한데 한 개만 별도로 파시면 안 되겠냐 물어본다. 그러자 윗분한테 물어보는가 싶더니 딱 한 개만 가능하단다. 오, 고마워라! 1,300원을 주고 빵 한 개를 간신히 얻었다. 그래, 맛은 한번 봐야 되지 않겠는가.

그런데 아마 이런 심리도 있을 것이다. 최고 오래된 빵집이니까, 또한 단팥빵과 야채빵이 맛있다고 소문이 났으니까 정말 맛있겠지. 평소 빵을 좋아하는 내가 평을 하자면 심리적인 요인이 있다고 해도 맛이 좋았다. 안에 들어간 소도 괜찮았지만 약간 차진 듯한 빵 자체가 맛있었다. 그럼, 그렇지. 괜히 유명한 게 아니었다. 하지만 여기서 꼭 밝혀 둘 것은 지극히 개인적인 평가일 뿐이라는 것이다. 패키지 관광으로 간다면 시간이 별로 없기 때문에 특히나 주말에는 긴 줄이 너무 부담스러울 수도 있다. 하지만 워낙 많은 빵을 계속해서 구워내기 때문에 의외로 금방 줄기도 한다.

맛있는 빵을 사 들고 근대역사박물관으로 이동한다. 한 10여 분을 걸어가니 현대식

으로 지어진 연한 초록색 박물관 건물이 눈에 들어온다. 넓은 마당에는 다양한 체험거리들이 준비돼 있다. 우선 건축물이 세련됐다. 2010년 공공 디자인 부문 우수 디자인상을 받은 건물이란다. 안으로 들어가면 왼쪽으로 커다란 등대가 보인다. 2층으로 올라가면 어릴 적에 봤던 다양한 물건들이 전시돼 있다. 과거로의 여행이다. 아이들은 엄마, 아빠가 쓰던 물건이라고 신기해한다. 학교도 있고, 양조장도 있고, 그리고 옛날 교실에서는 까까머리 학생들이 공부도 한다. 마치 영화가 상영되고 있는 것처럼 꾸며진 영화관은 포스터며 배우들의 사진이 반갑다. 한 시대를 그대로 옮겨 놓기 때문에 옛 추억이 묻어나는 정겨운 박물관이다.

관광객들은 '그래, 예전에는 저랬었지' 하며 즐거워한다. 특히 연세 지긋한 사람들은 더욱 많은 것을 추억할 것이다. 돌아가신 부모님을, 사라진 우리의 옛 골목길과 교정을, 그 시절의 친구들과 끈끈한 인연들을. 나 또한 수많은 전시품을 보면서 그 시절의 사람들을 떠올려 봤다. 아, 다들 잘 있겠지. 그들을 추억하며 박물관 밖으로 나왔다. 볼거리가 많은 박물관이니 빼놓지 않고 꼭 방문해야 할 명소이다. 근대박물관 주변으로 군산세관 건물도 있고, 바로 근처에 근대미술관(일본 제18은행 군산지점)도 있다. 특히 진포해양테마공원이 군산 내항 쪽에 있기 때문에 아이들을 동반한 가족 여행이라면 들러볼 만하다.

아직도 볼 게 많은데 군산을 떠나야 할 시간이 됐다. 다음에 다시 찾을 때는 유람선을 타고 선유도 구경도 하고, 월명공원에 가서 채만식의 『탁류』도 제대로 한번 볼 생각이다. 지금은 기차가 다니지 않아서 예전처럼 커다란 느낌을 받을 수는 없겠지만 많은 사진작가들이 찾았던 경암동 철길마을도 찾아볼 만한 곳이다.

군산! 일제강점기부터 수탈의 항구로 이름났었지만 이제는 새만금이란 새로운 사업이 펼쳐지고 있기에 희망을 본다. 끝으로 고은 시인의 생가가 하루 빨리 복원돼서 수많은 사람들이 바람의 의미를 깨우치고, 그분의 시를 통해 많은 것을 배울 수 있는 날이 오기를 기원해 본다. 그때가 언제가 될지는 모르겠지만 복원된 생가와 그의 문학관을 보기 위해 나는 또다시 군산을 찾을 것이다.

05
군산 커피하우스
산타로사

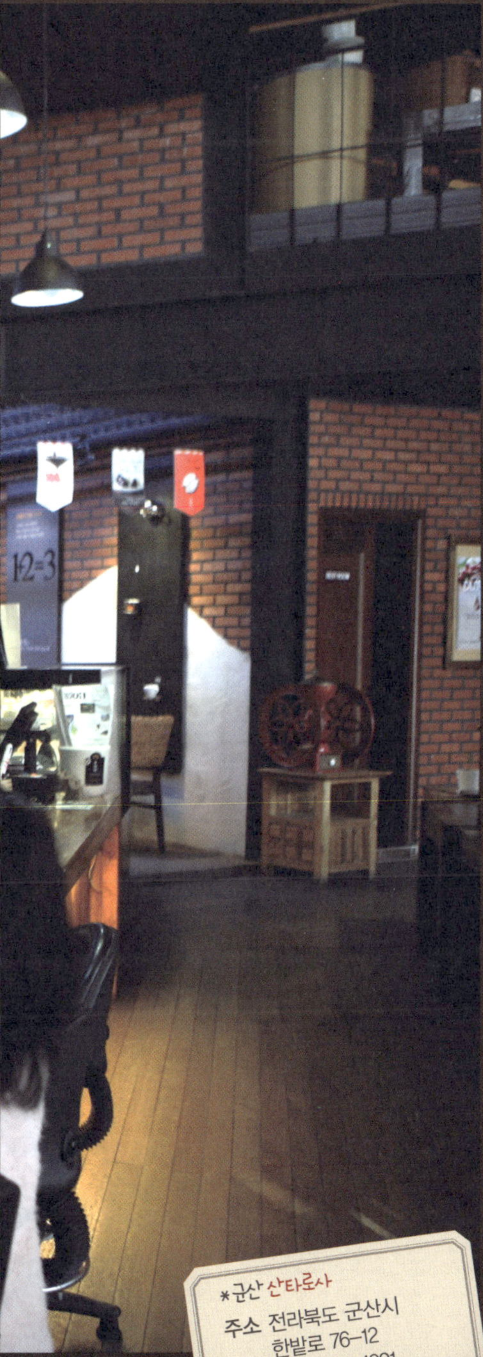

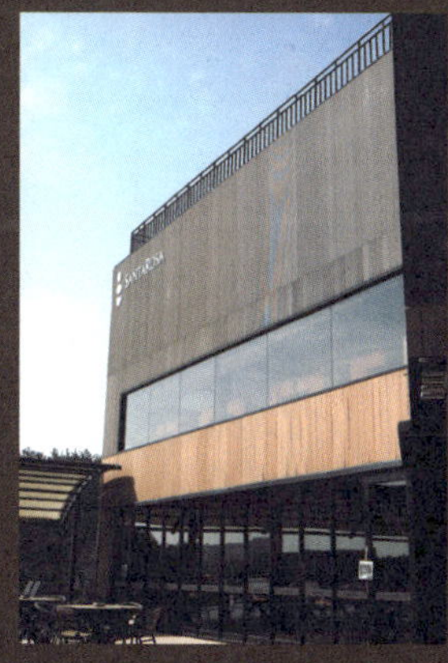

군산은 개항도시였다. 그에 따라 커피도 인천과 마찬가지로 다른 도시에 비해서 빨리 들어왔다. 일본 사람들이 커피를 마셨기 때문이다. 역사는 빠르지만 다른 대도시에 비해서 커피 문화가 아주 발달되지 않은 것도 맞다. 하지만 많은 사람들이 은파호수공원에 있는 산타로사 카페에 가면 깜짝 놀란다. 익히 들어온 강릉이야 으레 멋진 카페가 많겠다고 생각하지만 군산까지는 미처 생각지 못한 것이다.

은빛 호숫가에 카페라! 상상만으로도 매력적이지 않은가? 주문진, 강릉, 안목 해변에서는 멋진 바다를 보면서 커피를 마실 수 있다. 한 잔의 커피를 마시는데 주변 환경이 멋지면 더더욱 깊은 감동이 다가오기도 한다. 군산의 산타로사도 그러한 공간이 아닌가 싶다. 호수 옆으로 커다랗게 나무데크가 있고, 멋지게 자리 잡은 2층 건물이 보인다.

카페 내부 구조 역시 시원스럽다. 보통 외곽에 있는 큰 규모의 카페는 1층에서 주문을 받고, 2층에서 커피를 마시는 경우가 많다. 도심에 위치한 카페는 임대료가 워낙 비싸다 보니 1층에 로스팅 룸이 있으면서 2층 공간을 활용하기가 만만치 않다. 그러나 산타로사는 워낙 규모가 커서 1층에서도 커피를 마실 수 있고, 로스팅 기계까지 멋지게 중앙에 서 있다. 자동차로 치면 고급 외제차가 차고에 폼 나게 서 있는 격이다.

사람들은 보통 화려한 기계에 압도되는 경우가 많다. 괜히 외제차를 보면 작은 국산 소형차가 초라

*군산 산타로사
주소 전라북도 군산시 한밭로 76-12
전화 063-464-4991

해 보일 때도 있다. 하지만 그러한 기계를 쓸 역량도 되지 않으면서 폼으로 놔두는 커피마스터를 볼 때면 안타깝기도 하다. 굳이 그렇게까지 큰 용량의 로스터기가 필요 없는 카페인데, 덜컥 들여놓는 마스터가 있는 것이다. 가장 중요한 것은 자기에 맞는, 그리고 가게에서 쓸 수 있는 양의 기계여야 한다.

로스팅 기계는 보통 직화식, 반열풍식, 열풍식 같은 종류가 있다. 어느 것이 더 좋다고 이야기할 수는 없다. 카페에 맞는 용량을 찾고, 열을 가하는 방식을 찾으면 된다. 보통 후지로열에서 많이 생산하는 직화식의 경우 개성이 강한 특징이 있지만 맛이 균일하지 못하단 단점이 있고, 최근에 많이 쓰는 반열풍식의 경우, 맛이 균일하다는 장점이 있지만 개성 있는 맛을 내는 데는 한계가 있다. 전문가가 아니기에 이러한 로스팅 기계에 대해 세세하게 이야기할 수는 없으나 초보 커피 여행자에게 로스

팅 기계는 호기심의 대상일 수밖에 없다. 산타로사는 대형 카페에 걸맞게 15kg 정도의 로스팅 기계 몇 대가 중앙에 있다. 이 멋진 기계를 배경으로 열심히 사진을 찍는 관광객들도 많다.

1층에서 주문을 하고, 아이들과 함께 2층으로 올라갔다. 업이 여행이다 보니 가족 모두가 원하는 여행지로 떠난다는 게 쉽지가 않다. 아이들 눈높이에 맞는 여행지를 가야 하는데, 올해는 아빠라는 사람이 카페나 찾아다니고 있으니 아이들이 심심해 죽는다. 그래도 다행인 것이 카페에 가면 맛있는 아이스크림이 있고, 아이들 입맛에 맞는 달달한 음료도 있어서 크게 반대하지 않는 편이다.

아래쪽으로 보이는 카페 풍경이 멋졌다. 바리스타들의 작업도 한눈에 보인다. 그러한 풍경을 바라보는 것만으로도 재미가 있다. 아이들은 아이스크림, 나는 묵직한 맛의 만델링을 한 잔 시켰다. 아내는 나처럼 쓴 커피를 잘 마시지 못한다. 체질적으로

카페인에 약해서 커피를 마시면 잠도 못 자고 속이 이상하다고 한다. 그래도 커피투어를 따라다니면서 요즘에는 한두 잔 정도 마신다. 아내의 커피는 스페셜티 커피로 한 잔 시켰다. 코스타리카 컵 오브 엑셀런스(COE) 커피이다.

스페셜티는 쉽게 말하면 커피체리에서부터 엄격하게 관리하고 잘 정제해서 고급 생두를 생산해 낸 커피이다. 그러한 생두를 생산한 농장이 커피 대회에 참가해서 상을 받은 것이다. 그렇다고 스페셜티가 무조건 맛있다는 것은 아니다. 하지만 생산자와 중간 공급자의 지속적인 노력으로 검증된 커피이기에 맛과 향이 좋은 경우가 많다. 예를 들면 어려서 정부미만 먹다가 비싼 일반미로 밥을 지어 먹으면 밥맛 자체가 달랐던 것처럼 말이다. 물론 아무리 맛있는 일반미라도 까딱 불 조절을 잘못하면 타버리겠지만.

인도네시아 만델링은 네덜란드 사람들이 인도네시아 자바 섬에서 경작하기 시작한 커피다. 물론 그들이 그 힘든 커피 농사를 지은 것은 아니다. 남미처럼 자본은 서양에서 투자하고, 노동은 현지인들이 한 것이다. 광화문에 자리한 커피스트에서 처음 맛 봤는데, 바디감이 있는 쓴맛이 나하고 잘 맞았다. 나는 묵직한 쓴맛이 좋다. 아내는 쓴맛보다 보통의 여자들처럼 상큼하면서 약간 단맛이 나는 커피를 좋아한다. 하지만 그러한 커피를 만나기가 어디 쉬운 일인가! 요즘 뜨고 있는 파나마 게이샤나 자메이카 블루마운틴, 하와이안 코나 정도가 집 사람 입맛에 맞는 커피인 것 같다. 하지만 가격이 너무 비싸다.

군산의 테라로사는 아주 세련된 카페이다. 엄청난 생두를 보면 더더욱 그러한 생각이 든다. 지방에 이렇게 멋진 카페가 있다는 것도 행복한 일이다. 군산의 수많은 여행지와 함께 카페를 목적으로 방문한다고 해도 결코 실망스럽지 않을 것이다.

명품 숲으로 떠나는
인제 춘천 여행

요즘은 숲이 대세다. 등산, 아니면 가벼운 트레킹이 여행의 트렌드로 자리 잡은 지도 오래다. 대한민국은 지금 걷기 열풍에 빠져 있는 듯하다. 바람직한 현상이다. 신은 평등해서 모든 인간에게 두 명의 주치의를 줬다고 한다. 그런데 사람들은 돈 많은 사람들만 주치의를 두고 산다고 생각한다. 그것도 아주 특별한 사람들에게만 주어진 혜택 말이다. 하지만 잘 생각해 보시라! 두 명의 주치의란 튼튼한 내 두 다리를 말함이다. 저명한 의사가 말하길, 두 명의 주치의만 잘 활용해도 병 없이 건강하게 행복한 인생을 살아갈 수 있단다. 그래, 잘 활용하자. 서울대학교 나온 의사보다 훨씬 가격 대비 성능이 좋은 내 전속 주치의를.

이러한 콘셉트에 맞는 여행지를 찾다가 인제 원대리와 방태산 자연휴양림을 찍었다. 서울에서 방향을 동쪽으로만 잡아도 여행자들은 설레기 마련이다. 가평, 양평, 홍천, 춘천, 인제, 백두대간 등줄기를 넘으면 강릉, 속초, 양양, 주문진······. 아, 이 얼마나 가슴 뛰게 하는 지명들인가! 지명만으로도 그 안의 실을 다 경험한 듯 벌써부터 설렌다.

경춘고속도로가 끝나자 차는 44번 국도 인제 방향으로 달린다. 이 길로 곧장 가면 인제가 나온다. 인제를 떠올릴 때면 바늘과 실처럼 원통이 따라온다. "인제 가면 원통해서 언제 오나!" 이 지방으로 군대 간 사람들의 이야기지만 꼭 군대가 아니어도 도로가 좋지 않았던 과거에는 민간인들에게도 통용되는 말이었을 것이다.

차창 밖으로 펼쳐지는 가을 파노라마가 차분해지기 시작했다. 이렇게 차분해지기 시작한 우리의 산하는 한겨울이 되면 고요해지게 마련이다. 그 고요함도 참으로 좋지만 약간의 설렘이 남아있는 이 가을이 조금은 더 낫지 않나 싶다.

인제 읍내로 접어들기 전에 우회전하여 원대리로 들어가면 내린천으로 가는 것보다 조금 더 빠르게 갈 수 있다. 입구에서부터 사람들이 산으로 가기 위한 채비를 하고 있다. 평일이라 사람이 그리 많지는 않다. 하지만 주말에는 차를 댈 곳이 없을 정도로 붐빈다. 평일이 주는 평화. 천천히 쉬엄쉬엄 걸어서 다녀오기 좋다. 입구에서부터 숲이 밀집해 있는 곳까지는 1시간 정도 소요되는 거리이다. 산림청 산하 인제국유림관리소가 운영하고 있는 숲으로, 여의도 면적의 약 2배 정도라고 하니 크기가 어마어마하다.

올라가는 길은 그리 힘들지 않다. 임도를 따라 완만한 경사를 오르면 되는 것이다. 양쪽으로 간간이 자작나무가 보이기 시작하다가 중간 정도 가면 노랗게 물들어 가는 쭉쭉 뻗은 자작나무가 나타난다. 대체 얼마나 많은 자작나무를 심은 거지? 핸드폰으로 인터넷을 찾아본다. 참 좋은 세상이다. 검색하면 다 나오는 세상이니. 총 138ha, 여의도 2배 면적에 총 70만 그루가 심어져 있다고 한다. 70만 그루라, 많기도 하다. 감탄을 하면서 계속해서 올라갔다. 그런데 언제 다 심은 거

야? 또다시 핸드폰 검색. 1990년대 초에 심었다고 한다. 그런데 이렇게 나무가 크다니. 그렇다. 자작나무는 대표적인 속성수이다. 담양의 메타세쿼이아처럼 빠르게 키가 크는 나무인 것이다.

자작나무란 단어를 처음 알게 된 것은 고등학교 때 읽었던 러시아 단편소설을 통해서였다. 이름이 참으로 예뻐서 자작나무가 어떻게 생겼을까 궁금하기도 했다. 특히 러시아 작가들이 숲을 표현할 때 자작나무 숲을 많이 인용한다. 하기야 러시아의 국수인데. 이러한 자작나무는 고등학교를 졸업하고 강원도 횡계에서 처음 봤다. 횡계 읍내에서 구 대관령휴게소 방향으로 가다 보면 야산가에 자작나무가 쭉 심어져 있는 것을 볼 수 있다. 처음 보는 자작나무였지만 소설 속 이미지가 그대로 연상이 돼서 더욱 반가웠던 것 같다. 하얀 피부를 가진 북유럽 미인을 연상케 한다. 수피가 백인처럼 하얗다. 그래서 이국적인 느낌이다. 기름기가 많아 불에 탈 때 '자작자작'

소리가 나서 자작나무라 했다나. 북위 45도 이상 추운 지방에서 많이 자라는 나무라 우리나라 인제가 딱 맞는 기후 조건일 것이다.

자작나무에 대해 이야기할 때 연인들에게 꼭 해주는 속설이 있다. 자작나무 껍질에 편지를 써서 보내면 사랑이 이뤄진다고. 하지만 이제는 이러한 낭만이 젊은 사람들에게는 잘 먹히지 않는다. 어찌나 사랑을 속성으로 하는지. 정성을 들이고 뭐고 할 시간이 없는 것이다. 씁쓸한 생각에 잠겨 계속해서 산을 올랐다. 등 뒤에서 땀이 나려고 할 때쯤 자작나무 군락지에 도착했다. 왼쪽으로 난 자작나무 숲길을 따라 내려가면 엄청나게 많은 자작나무들이 파란 하늘 위로 쭉쭉 뻗은 모습을 볼 수 있다. 어쩌면 저리도 곧게 하늘로 향할 수 있을까? 크다 보면 상처도 나고 굽기도 할 텐데 굽은 나무들이 거의 없다. 하나도 빠짐없이 하늘로 올라가야만 되는 숙명을 타고난 듯, 낙오자 없이 모든 친구들이 한마음으로 협업하여 자란 듯하다. 그러한 균일성이 자작나무의 미학일 수도 있다.

하지만 줄기를 자세히 들여다보면 그들의 아픔을 느낄 수 있다. 하얀 몸 줄기와 대비된 수많은 검정 생채기들이 있었기에 그렇게 곧고 바르게 클 수 있었던 것이다. 우리네 인생도 마찬가지다. 어느 누구 하나 상처 없는 사람이 있겠는가. 그러한 상처를 가슴 깊이 묻어 두고 살아가고 있을 뿐이다. 자작나무처럼 줄기에 상처를 다 드러내놓지는 않지만 우리네 인생도 그들처럼 여기저기 주름으로 나타나는 것이다.

자작나무 숲은 사시사철 찾아도 좋다. 봄이면 연둣빛 새순이 아름답고 여름이면 녹음이, 가을이면 노란 색감의 수채화가 따로 없다. 한겨울 낙엽 다 떨구고 서 있는 자작나무는 흑백의 대비만으로도 가슴 떨리게 하는 묘한 매력의 나무이다. 유치원 숲 체험으로 시작한 원대리 자작나무 숲은 이제 전국적인 스타, 그야말로 명품 숲이 돼 버렸다. 군락지가 있는 곳에는 움막집도 지어놓고, 그네도 만들어 놔서 관광객들에게 인기 만점이다. 또한 숲 내에 아기자기하게 코스를 만들어 놨다. 30~40분 정도 쉬엄쉬엄 산책을 하며 쉬다가 왔던 길로 다시 내려가면 된다. 올가을 한적하게 명품 숲을 즐기고 싶다면 인제 원대리 자작나무 숲을 찾을 일이다.

원대리에서 내린천으로 향한다. 내린천은 언제 찾아도 참 반가운 하천이 아닌가 싶다. 현리에서 방태산을 가기 위해 우리 산하 깊숙이 차를 몰고 들어간다. 음양의 조화가 가장 잘 이루는 것이 단풍이 아닌가 싶다. 단풍은 물이 좋아야 아름다운 것이다. 물이 없으면 단풍 색도 고울 수가 없다. 그래서 계곡 근처에 있는 단풍이 형형색색으로 아름다운 것이다. 우리나라 단풍을 이야기할 때 내장산, 설악산, 주왕산, 강천사, 백양사, 선운산 등을 이야기하지만 방태산 자연휴양림의 은은한 단풍 역시 빼놓을 수 없다. 특히 사람이 많지 않기 때문에 더더욱 매력적인 곳이다.

휴양림 입구에서부터 걸어도 좋다. 1단 폭포, 2단 폭포 등 크지는 않지만 아름다운 폭포들이 계속해서 이어진다. 오솔

길처럼 계곡을 따라 올라가는 등산길은 사람이 없어 한가하다. 시간이 없어서 2단 폭포 쪽에 차를 대고 가을의 2단 폭포를 감상한다. 사진을 찍기 위해 삼각대를 설치하고 자리를 잡는다. 햇빛이 없어서 단풍이 밝지 않아 사진 찍는 사람들도 별로 없다. 본래 이맘때쯤이면 좋은 자리를 잡기 위해 사람들이 붐비는 포인트다. 그래, 나야 프로 사진을 얻을 것도 아닌데 햇빛이 없으면 어떠랴! 그래도 실타래 같은 부드러운 사진을 얻기 위해 셔터 속도를 늦추고 찍어 본다. "오! 괜찮은데?" 빛만 조금 더 있었으면 단풍이 훨씬 예쁘게 나올 텐데 아쉬웠다. 그래, 사진은 빛이다. 단순하게 밝고 어두운 음양의 조화만 터득하면 그런대로 좋은 사진을 얻을 수 있지 않나 싶다.

장비도 좋고 경력이 많은 듯한 나이 지긋한 중년 아저씨들이 열심히 사진을 찍고 있다. 한 분은 미꾸라지라도 잡으려는 듯 장화까지 신고 계신다. 대단한 열정이다. 뭔가에 미쳐서 프로처럼 행동하는 사람들이 참으로 멋있다. 나야 관광을 하는 사람이기 때문에 사진 쪽에 전문가가 될 수는 없을 것이다. 또한 그리고 싶지도 않다. 여행 쪽이라면 모를까. 그래도 좋은 사진을 볼 때면 참 부럽고, 잘 찍고 싶다는 생각이 든다.

그곳에서만 한 20여 장 찍었나 보다. 삼각대를 접고 가려 하자 사진 고수님께서 벌써 가실 거냐고 물으신다. 다른 곳을 가 봐야 한다며 가벼운 수인사를 하고 방태산 자연휴양림 2단 폭포를 떠난다. 등산하는 사람들은 2단 폭포에서부터 본격적으로 산행을 시작한다. 이 길을 따라 정상까지 올라가는 것이다. 최근에는 캠핑 마니아들이 한적하게 캠핑을 즐기고 싶을 때 방태산 자연휴양림을 많이들 찾고 있다. 산 좋고, 물 좋으니 기쁘지 아니한가! 진정한 힐링을 원한다면 이곳을 찾을 일이다.

춘천에는 최근 인기 있는 ITX 청춘 열차를 타고 가기로 했다. 청량리역에 도착하니 감회가 새롭다. 이곳에 젊은 시절의 추억 하나 없는 사람이 있을까? 요즘 젊은 친구들은 렌터카로 여행을 떠나지만 그때만 해도 친구들과 놀러 가기 위해선 청량리역으로 모여들었다. 특히 수도권에서 대학교를 다녔던 수많은 청춘들이 이곳에서부터 젊음과 낭만, 그리고 사랑을 찾아 떠났던 것이다.

　오랜만에 찾은 청량리역은 많이 어색했다. 광장과 건물 모두 세련되고 모던하게 바뀌어 있었다. 하지만 어딘가로 떠나는 분주한 사람들의 풍경은 여전했다. 역사 2층에서 멀리 내려다보니 건너편으로는 예전 건물들이 그대로 남아있어서 반갑다. 1시간 꼴로 있는 청춘 열차가 막 떠나 버린 탓에 다시 광장으로 나와 여유 있게 둘러본다. 예전 광장에 있던 시계는 아니지만 시계탑 또한 반갑다. 그렇게 세월의 시곗바늘을 20여 년 전으로 되돌려 본다.

　핸드폰이 없던 그 시절, 시계탑 앞에서 누군가를 기다리고 서 있었다. 안 오면 어쩌나 노심초사 기다렸던 청량리역 광장. 그때의 떨림이 생생하다. 얼마나 기다렸을까. 멀리 지하철 입구에서 모습을 보인 그녀는 첫 직장 생활을 하며 짝사랑하던 여자였다. 몇 달을 지켜보다가 용기를 내서 데이트 신청을 했는데, 순순히 허락한 것이다. 우리가 처음 만나기로 한 곳은 청량리역 시계탑. 그래서 정말 각별한 역이 아닐 수 없다. 세월이 참 많이 흘렀구나. 이제는 그 청년이 머리가 희끗희끗한 중년이 돼 버렸으니. 그 친구도 많이 변했겠지.

　출발 시간이 20여 분 남았다. 청춘 열차를 타기 위해서 플랫폼으로 들어간다. 평일이어서 사람들이 그리 많지 않다. 또 다시 옛 생각에 잠겨 반대편 철로를 보고 있는 사이 기차가 언제 들어왔는지도 모르게 와 있었다. 누군가 나에게 길을 묻지 않았다면 1시간이나 기다린 기차를 놓칠 뻔했다. 뛰어오르듯이 문이 닫히려는 열차에 탔다. 정신이 나갔구나. 첫 데이트에 대한 상념이 이렇게 큰 것인가. 웃음이 난다.

16시 16분, 청춘 열차 출발. 참 오랜만에 혼자 타는 기차이다. 게다가 그 내부는 KTX보다도 쾌적해 보인다. 한편으로는 좀 맛이 떨어졌다. 예전 그 친구와 같이 탔던 무궁화 열차까지는 아니어도 어느 정도 추억을 되살려 줄 무언가를 찾아보려 했지만 쉽지가 않다.

평내호평역에 한 번 정차하고, 기차는 다시 출발했다. 여기서부터는 예전 경춘선 분위기가 느껴지기 시작한다. 반갑다. 첫 데이트할 때의 차창 밖 환희까지는 아니더라도 날씨가 가을 날씨처럼 청명해서 충분히 아름다웠다. 기차가 청평을 지나 예전 강촌역 노선을 비켜서 새로운 강촌역에 도착했다. 한 무리의 젊은이들이 내린다. 그때의 나와 그녀도 북한강이 보이는 옛날 강촌역에서 내렸었다. 여느 연인들처럼 자전거를 타고, 닭갈비도 먹고, 기차 철로에서 영화 속 한 장면을 연출하면서 사진을 찍었었다. 아, 나에게도 20대 청춘이 있었지. 세월이 참 빨리도 흘러 버렸다. 입가에 엷은 미소가 번진다. 인간은 아름다운 추억이 있다는 것만으로도 충분히 행복한 것

이다. 그때의 추억이 고맙다.

여행이란 미래의 아름다운 추억을 찾아가는 것이다. 아마 또다시 10년이 지나고, 20년이 지나면 지금의 이 기차 여행 역시 그립고 소중한 기억으로 남아 있을 것이다. 그래서 우리는 그 나이, 그 계절에 맞는 여행을 많이 해야 된다. 소가 여유롭게 누워서 되새김질하듯이 노년에 가서 맛있고 아름다운 추억을 되돌아보기 위해서 말이다. 옛 추억을 생각하는 사이 기차는 최종 목적지인 춘천역에 도착했다.

종착역이다. 사람들을 다 보낸 뒤 제일 나중에 춘천역을 빠져나왔다. 바람은 벌써 가을이다. 자전거를 탈 생각이었기에 역 앞 안내소에 물어보니 왼쪽으로 가면 자전거를 빌려준단다. 철길 반대편 서쪽 광장에서도 자전거를 대여해 주는 곳

이 있다. 자전거 카페에서 자전거를 빌렸다. 2시간에 5,000원. 싼 편이다. 춘천역에서 공지천까지는 자전거로 20~30분이면 갈 수 있다. 그래도 춘천 하면 닭갈비, 춘천 데이트 하면 공지천이니 안 가 볼 수 없다. 처음 가는 사람들은 공지천 주변만 보고 실망할 수도 있다. 그래서 자전거를 타라는 것이다. 혹 기차를 타지 않고 춘천을 찾았더라도 공지천에서 자전거를 빌릴 수 있으니 걱정하지 않아도 된다. 춘천에는 자전거도로가 계속해서 추가되고 있다. 호수 주변으로 자전거 도로가 개통이 돼서 멋진 경치를 감상하며 자전거 여행을 즐길 수 있을 것이다.

공지천에서 MBC 방향으로 계속해서 페달을 밟으면 예전 춘천 어린이회관이 나온다. 잘 정비된 자전거 도로를 따라 언덕을 오른 뒤 코너를 돌면 새로운 세상이다. 여행은 저 언덕 너머에 있는 그 무엇을 보려는 마음에서 시작된다. 수평선 뒤로는 무엇이 있을까? 저 언덕 너머에는 어떤 사람들이 살고 있을까? 저 산모퉁이를 돌아서면 어떤 경치가 나올까? 이러한 마음이 동기가 되어 언덕과 산을 넘고, 바다를 넘으면서 많은 환희와 행복을 느껴왔다. 그리고 이곳, 언덕을 넘지 않았으면 보지 못했을 곳에 춘천의 명소가 자리하고 있었다.

단순히 바람의 흐름을 만끽하면서 의암댐까지 가려고 했던 계획은 여기서 끝나

버렸다. 호수가 바라다 보이는 곳에 멋진 카페가 하나 있었기 때문이다. 어쩌다 이렇게 멋진 카페가 춘천에 있었단 말인가. 100여 평 되는 너른 잔디밭과 산 쪽으로 나비 한 마리가 호수를 향해 날아오르려는 듯한 건물이다. 예사 건물이 아닌 듯해서 자전거를 마당에 두고 안으로 들어가 본다.

오우, 벽돌 건물이 장난이 아니다. 전시관에서는 '돌아온 영웅'전이 열리고 있고, 지하에선 청년 하나가 전자 오르간을 치고 있다. 내려가는 구조도 특이하고, 검은 톤의 벽돌색이 묘하게 끌려서 한참을 서성거리며 건물을 감상했다. 그러다 커다란 창밖으로 눈을 돌리는 순간, 전율하고 말았다. 마치 열반의 경지를 느낀 듯.

창밖으로 호수가 보인다. 창으로 들어오는 빛은 광선처럼 들어오는 것이 아닌, 밖의 풍경만이 프레임 안으로 보일 뿐이다. 하지만 그 앞으로 사선을 그으면서 들어오는 두세 줄기의 빛이 그만 나의 시선을 멈추게 했다. 멍하니 바라보기만 하다가 이 순간을 포착하고 싶어 쉴 새 없이 셔터를 눌렀다. 늦은 오후, 아무도 없는 성당에 한줄기 빛이 작은 창문을 통해서 들어올 때처럼 고요하면서도 사뭇 경건했다. 소중한 빛을 관하는 순간이다.

건축의 위대함이 바로 이러한 것이다. 인간이 만든 어두운 공간이 자연을 성스럽게 받아들인다. 이러한 인간의 체취가 묻어나는 공간이야말로 건축의 핵심이라고 하지 않았던가. 그렇다. 나는 책에서 봤던 이론을 현장에서 실제로 체득한 것이다. 그 감동을 어찌 글로 다 표현하겠는가. 그래서 이곳, 댄싱 카페인에 갈 계획이 있거든 해 질 녘 햇살이 건물 깊숙이 들어오는 때에 가시라 말하고 싶다. 자연과 인간의 공존에 감동받을 수 있으리니.

나중에 안 사실이지만 이 건축물은 현대 건축에 한 획을 그었던 고(故) 김수근 작가의 설계였다고 한다. 최근 건축에 관심이 생겨 그와 관련된 책을 읽고 있었는

DANCING CAFFEINE
dANCING CAF

데, 엉뚱한 곳에서 생각지도 못한 만남이었다. 1980년도에 지어진 건축물이 이렇게 아름답고 세련됐다니. 지금의 건축가들이 배워야 할 장소가 아닌가 싶다.

KT&G에서 원형을 최대한 살려놓고 리모델링을 했다고 한다. 건물 내부에서 바라보는 외경이 참으로 아름다운 곳이다. 게다가 까만 계열의 벽돌도 카페와 잘 어울려서 지금까지 봐 온 수많은 인테리어와 비교했을 때, 가히 최고라 말할 수 있다. 맛과 공간의 조화, 그리고 주변 환경까지 완벽한 카페이다. 가격이 좀 비쌌던 것 빼고는 아쉬울 게 없었다.

카페테라스에 앉아서 한없이 호수를 바라본다. 시원한 호수를 바라보면서 복잡했던 머리를 식힌다. 인간과 건축, 자연이 함께 공존하는, 이름까지도 멋진 댄싱 카페인! 이럴 때 마시는 한 잔의 커피를 감히 메토이소노(聖化)라 말하고 싶다.

춘천에서의 마무리 여정을 아름답게 마치자 다시금 20여 년 전, 그녀와의 데이트가 떠올랐다. 사실 데이트의 결과는 좋지 않았다. 내려갈 때는 좌석에 앉았지만 올라올 때는 입석이었던 탓에 그녀는 무척 피곤해 했다. 꼭 그 이유 때문만은 아니었겠지만 청량리역으로 돌아온 우리는 어색하게 헤어졌고, 그 이후 더 이상의 데이트는 없었다. 그래서 여행은 끝이 좋아야 진정 좋은 여행이 될 수 있는 것이다.

시실리아
070-7768-9255
Coffee Roasting
시실리아
Coffee & Tea
시실리아커피타운
아카데미(교육원)
페(커피집)
제조가공판매장
7768-9255
시실리아커피타운
커피제조가공판매장
카페
아카데미
원두
상품판매
Waffle
Cake
Meal
Roasting
피타운
070-7768-9255

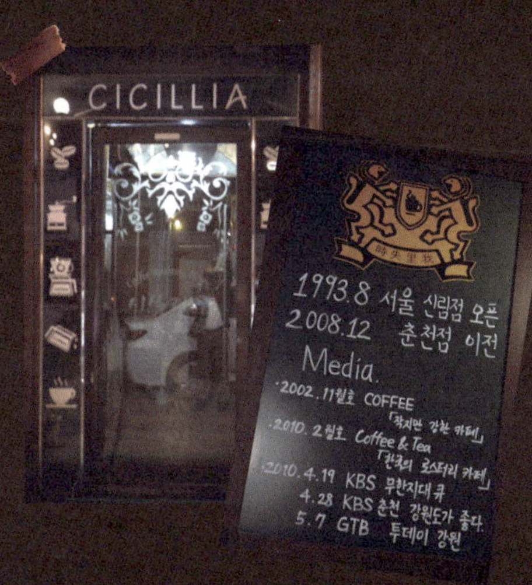

06
춘천 커피하우스 **시실리아**

춘천은 첫사랑의 도시다. 왜 첫사랑의 추억은 깊게 패는 걸까? 무언지 모를 설렘과 열정 때문에 무모하고 절박하게 달려들었던 사랑! 여자나 남자나 사랑을 할 때는 그들의 모든 감각기관을 열어버리는 실수를 한다. 그렇게 서툴지만 순수했기 때문에 영혼 깊숙이 각인되지 않나 싶다. 세월이 지나면 그러한 추억이 있기에 우리가 행복한 것이 아닐까.

이 가을, 진한 커피 한 잔이 간절하다. 커피향이 더욱 좋아지기 시작하는 계절에 춘천을 찾았다. 애석하게도 연애할 때에 춘천에 가서 커피 한잔을 못 마셔봤다. 어쩌면 첫사랑의 추억이 없기 때문일 수도 있다. 공지천에 자리한 카페 에티오피아는 수많은 중년들에게 유명한 집이다. 하지만 여기에서 카페 에티오피아를 소개하지 않는 이유가 있다. 두 번이나 가 봤지만 이제는 첫사랑의 추억 정도로 남기고 싶어서다. 대신 춘천 시내에 있는 시실리아(時失里我)에 가기로 했다. 그 이름도 '나는 시간을 잊어버리고 이 마을에서 커피를 마신다'라니!

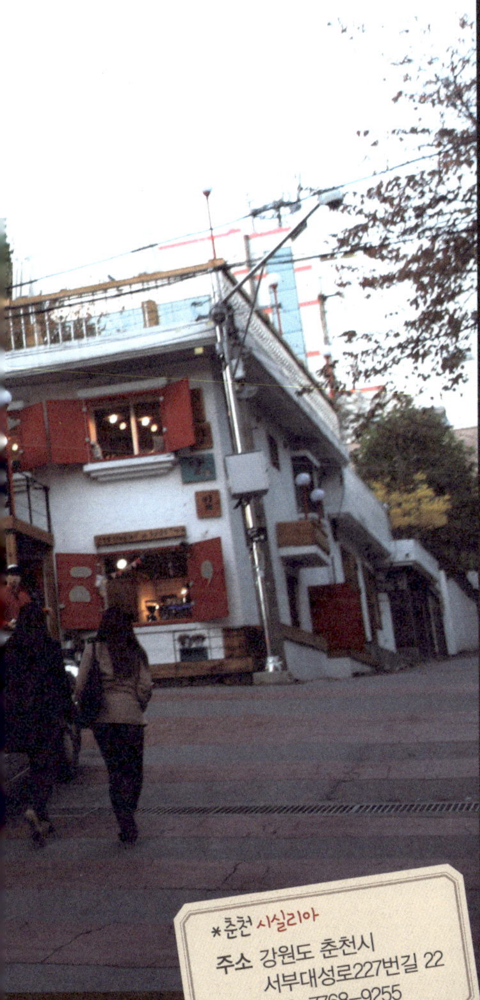

*춘천 시실리아
주소 강원도 춘천시 서부대성로227번길 22
전화 070-7768-9255

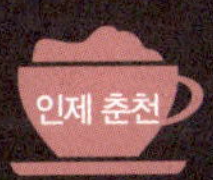

시실리아는 시내 골목길에 위치해 있어 차를 주차하기도 힘들다. 고풍스러운 외관의 카페가 골목 언덕길 위로 보인다. 마스터는 보이지 않고 착하게 생긴 바리스타가 카페를 지키고 있었다. 전체적으로 안정된 느낌이다. 맞은편에 여자 손님이 한 명 있고, 칸막이로 만들어 놓은 룸에서 외국인 한 명과 여러 명의 대학생이 공부를 하고 있다. 요즘에는 시내에 있는 큰 체인점뿐만 아니라 동네 카페에서도 공부를 하는 사람들이 많다. 여기도 대학가이다 보니 공부하는 학생들이 많은 듯싶다.

최근 커피 한 잔을 시켜 놓고, 많게는 대여섯 시간 동안 앉아있는 손님이 많다고 한다. 그들로 인해 카페 주인이 난처하다는 신문 기사도 종종 본다. 시끄럽다는 단점만 제외하면 여름에는 에어컨 빵빵하지, 겨울에는 난방도 따뜻하지, 게다가 대형 체인점의 경우 자리 여유도 많아 눈치 보이지도 않지. 더없이 좋은 장소가 아닐 수 없다. 하지만 그

러한 이들 때문에 카페 주인은 난처할 수밖에 없다. 커피를 마시기 위한 목적지가 아니라 일하고, 공부하기 위한 장소로 이용되고 있기 때문이다. 부디 서로가 이해를 해 줬으면 하는 바람이다. 주인장의 경우 주머니 가벼운 학생들의 입장을 생각해 주고, 학생 또한 한 푼이라도 더 벌어야 되는 카페 주인을 생각해 주는 매너가 있었으면 좋겠다. 너무 오래 있어서 장사하는 사람에게 폐가 된다 싶을 때는 자발적으로 한 잔을 더 시킨다거나 적당한 시간에 자리를 비워주는 센스가 필요하지 않을까 싶다.

출출하던 차에 이 집에서 유명하다는 수제 블루베리 와플과 함께 모카 마타리 한 잔을 시켰다. 카페에는 잔잔한 피아노 선율이 흐르고 있다. 맞은편 테이블의 아가씨가 책을 읽고 있다. 아마도 휴식을 취하고 있는 여행자인 듯하다. 방해하고 싶지 않아서 사진도 찍지 않은 채 음악만 감상한다. 곧 고

호가 열렬히 사랑했다던 예멘 모카 마타리가 나왔다. 아주 만족스럽지는 않았지만 합격점을 주고 싶은 맛이다. 다크초콜릿향이 느껴지는 예멘 커피의 특징을 알 수 있었다. 조금 아쉬웠던 건 드립을 할 때 너무 추출을 했는지 끝 맛이 약간 썼다. 하지만 엄청난 크기의 수제 와플이 그러한 서운함을 풀어준다. 결코 혼자 먹을 수 있는 양이 아니다. 생크림이 너무 많이 올라가 있어서 금방 질리기는 했지만 양이 많은 것을 선호하는 사람이라면 만족스러울 듯싶다.

와플을 먹으면서 커피를 마신다. 모카, 얼마나 많이 들어 본 이름인가. 하지만 모카커피는 알아도 모카에 대해서는 모르는 사람들이 많다. 모카는 예멘의 모카항에서 비롯된 이름이다. 아프리카 에티오피아에서 자생적으로 자란 커피가 예멘에서도 재배되기 시작하였고, 예멘의 모

카항에서 유럽으로 수출하면서 세계적으로 유명해진 것이다.

왠지 모카란 말만 들어도 커피 한 잔을 마신 듯하다. 모카항은 이제 폐허가 돼 버렸지만 첫사랑의 이름을 잊을 수 없듯이 모카커피도 여전히 가슴 속에 남아 있다. 옛 추억을 생각하며 춘천으로 커피 여행을 떠나보는 것은 어떨까.

바퀴의 고마움을 안고 떠나는
울산 여행

바 퀴 하면 떠오르는 게 있는가? 인류와 함께 해 온 끈질긴 곤충을 생각하는 사람도 있을 것이다. 하지만 여행업을 하는 사람들에게 바퀴란 이동을 편하게 해 주는 고마운 발명품이다. 만약 바퀴가 없었다면 이 세상은 어땠을까 생각해 본다. 바퀴 없는 세상이라니. 아마 세상의 많은 일들이 제대로 굴러가지 못했을 것이다. 지금 당장 세상의 모든 바퀴가 멈춰 선다면 인류도 그대로 멈춤이다. 바퀴가 없으면 비행기가 뜨지도 못할 것이고, 수많은 자동차가 도로 위에 서 있어야 되며 톱니바퀴로 돌아가는 기계들도 멈춰 선 채 수많은 공산품 생산이 중단된다. 인간 세상은 그야말로 대혼란을 겪게 될 것이다. 이 얼마나 상상만으로도 끔찍한 일인가. 하물며 모든 이동 수단이 바퀴와 연관된 여행업은 어쩌겠는가. 아마 그러한 세상이

온다면 인류는 다시 고기를 잡고, 조개를 캐고, 농사를 지으
면서 살아가게 될 것이다.

그만큼 바퀴는 우리 인류 문명사에 지대한 영향을 끼친 발
명품이다. 마르코 폴로가 교역을 할 때도 수레가 딸린 말이
짐을 옮겼을 것이고, 마르코 폴로의 이야기를 듣고 증기선으
로 인디아를 찾아 나선 콜럼버스의 배도 톱니바퀴가 있어 항
해할 수 있었다. 인류는 바퀴의 발달로 인해 탐험을 시작할
수 있었고, 더 큰 모험 또한 가능했던 것이다. 수많은 사람들
이 바퀴의 도움으로 인류 역사를 다시 썼다. 그래서 나는 바
퀴를 사랑한다. 그 원형이 주는 원만함은 더더욱 좋다.

불가에 전륜성왕이 있다. 전륜성왕은 고대 인도의 이상적
인 군주로, 통치의 수레바퀴를 굴려 무력이 아닌 정법으로써

전 세계를 통치하였다고 한다. 여기서 정법이란 불교에서 말하는 바른 진리이다. 풀어서 이야기하면 올바른 법을 말한다. 이 왕이 나타나면 세상은 전쟁과 배고픔, 미움이나 시기가 사라지게 되는데, 한마디로 전설 속의 군주이다. 여기서 우리는 '바퀴 륜(輪)' 자와 '여행'을 생각해 봐야 한다.

바퀴와 여행은 떼려야 뗄 수 없는 관계이다. 세상을 살아가면서 여행을 준비하고 떠날 때만큼 행복할 때도 없다. 물론 사람마다 다르겠지만 여행만큼 사람을 들뜨게 하고, 충만하게 하는 문화 행위도 드물다. 여행을 한다는 것은 어느 정도 여유가 있고, 먹고 살 만할 때 가능하다. 왕래가 쉬우려면 자유가 보장돼야 하고, 또한 잉여자금도 있어야 된다. 마찬가지로 전쟁이 없고, 평화스러워야 떠나는 것이 더더욱 쉬어진다. 여기에서 여행을 바퀴라고 생각해 보면, 정법으로 색칠된 바퀴가 이 세상 구석구석을 누빌 때 온 인류는 평화로워질 수 있는 것이다.

그러기에 실현가능성은 희박하나 전륜성왕의 출현을 꿈꿔본다. 누군가 나에게 종교가 무엇이냐고 물으면 우스갯소리로 불을 숭배하는 배화교(拜火敎)를 본떠서 배륜교라고 이야기하곤 한다. 배륜, 각자 저마다의 종교가 있겠지만 배륜하는 마음이 있다면 세상은 좀 더 풍요롭고, 윤택해지지 않을까 상상해 본다.

바퀴의 고마움을 생각하면서 울산을 찾았다. 울산 하면 현대, 현대 하면 자동차. 자동차의 핵심이 바퀴이기에 서두를 장황하게 써봤다. 산업도시 울산이 이제는 관광생태도시로 도약하고 있다. 까만 매연과 썩어가는 태화강으로 대변되던 울산은 한적한 포구에서 공업도시로 상전벽해 되더니 또 한 번 생태도시로 변화하고 있다.

너무 늦은 시간에 울산에 도착하여 24시간 찜질방에서 하룻밤을 잤다. 새벽 일찍 일어나 대왕암 일출을 보러 갈 예정이었기에 효율적인 선택이었다. 길 위의 여행자라면 낯선 도시의 찜질방에서 한 번쯤은 자본 경험이 있을 것이다. 공중시설이라 불편한 점은 있으나 몇 시간만 있다가 나올 때에는 시설도 좋고, 씻을 수도 있어 효자가 따로 없다.

몸은 피곤했지만 여행이 주는 설렘 때문에 일찍부터 일정을 시작했다. 바람이 한결 상쾌하다. 어둑어둑한 일산 해변을 벗어나 인근에 있는 솔숲으로 향한다. 울산에는 일출 명소가 두 곳 정도 있다. 우리나라에서 해가 가장 먼저 뜬다는 간절곶과 이번 여정의 목적지, 대왕암이다. 간절곶이야 사람들로 늘 북적거리고, 매스컴에도 자주 나오는 명소지만 이에 비해 대왕암 일출은 외지인에게 그리 알려진 곳이 아니다. 때문에 더욱 한적하게 일출을 볼 수 있다. 하물며 평일에는 더더욱 한가하다.

주차장에 차를 대고 시계를 본다. 겨울철이라 아직 해가 뜨려면 1시간 정도 있어야 될 듯싶다. 어슴푸레 날이 밝는가 싶더니 지역 주민으로 보이는 운동복 차림의 사람들이 하나둘 차를 타고 와서 커다란 송림 사이로 들어간다. 나도 그들을 따라 대왕암 쪽으로 걸어간다. 아직 날이 밝지 않았지만 송림이 울창해서 강원도 깊은 산중에 와 있는 착각이 들 정도다. 금강송은 아니지만 쭉쭉 뻗은 소나무가 보기 좋은 산책로이다. 직선으로 뻗은 길을 따라가면 오른쪽으로 바다가 보인다. 솔숲 사이로 보이는 아침 바다는 아직 잠이 덜 깬 듯 호수처럼 고요하다. 멀리 푸른 바다를 가르며 커다란 상선이 지나가고 있는 모습도 보인다. 새들도 이른 시간인지 숲은 정적 그 자체이다.

이른 새벽의 여행은 이러한 고요가 좋다. 홀로 아무도 없는 산책길을 걷는다. 새들도 동행하지 않는 사색의 시간이다. 멀리 붉은 기운이 조금씩 겨울 하늘을 색칠하기 시작한다. 그 길 끝에 울기등대가 있다. 밤새 불을 켜느라 피곤했는지 깜빡 졸고 있는 듯한 표정이다. 얼마나 힘들었을까. 누군가의 등이 되어준다는 것은 사명감이 없다면 절대 할 수 없는 숭고한 일

이다. 우리네 인생사도 누군가에게 소중한 빛이 되어야 할 텐데, 빛은 고사하고 잘 보고 있는 눈에 까만 안대나 채우고 있는 것은 아닌지 반성해 본다.

등대와 울산 대왕암이 마주 보고 있다. 바위 경치가 한눈에 보이는 정자에서 해뜨기를 기다린다. 껑충한 소나무 몇 그루가 전망대 주변에 서 있다. 대왕암은 두 개의 커다란 바위섬으로 형성됐다. 바다 쪽으로 나간 바위는 마치 거북이 모습처럼 보이기도 하고 작은 공룡 같기도 하다. 이 섬으로 무지개 철재 다리가 놓여 있어서 더욱 운치가 있다. 기묘한 바위 군상들이 바다와 어우러져 빼어난 경치를 선사한다.

정말로 오랜만에 다시 와 본 바닷가이다. 이전에는 어찌나 급하게 왔는지 제대로 감상하지도 못한 채 사진만 찍고 발길을 돌렸었다. 이렇듯 여행은 여유롭게 혼자 있을 때 사유가 깊어질 수 있는 것이다.

기다린다. 저 새벽녘 바다와 수많은 송림을 깨울 해를. 바다에서 뜨는 해든 산상에서 뜨는 해든 간에 일출은 기다림의 미학이다. 특히 추운 겨울, 발을 동동 구르고 입김을 호호 불며 붉은 태양을 기다리는 것이 일출 여행의 묘미라 할 수 있다.

시간이 지나면서 붉은 기운이 점점 진해지더니 수평선 위로 붉은빛이 은은하게 퍼진다. 관광객이라고는 나 혼자, 운동하러 나온 사람 서너 명과 같은 마음으로 하

늘을 바라본다. 겨울철 일출 여행을 하다 보면 간혹 성질 급한 사람들은 그냥 발길을 돌리는 경우가 있다. 그놈의 해가 다 똑같지 뭐가 그리 대단하겠냐며 그새를 못 참고 가버리는 것이다. 하지만 첫 해의 그 숭고하고 풍만한 자태를 놓친다는 것은 안타까운 일이다. 아무리 눈부신 태양이라고 해도 처음 뜰 때에는 겸손하다. 그리고 이글거리는 오메가 형태의 해가 아닌 이상 대부분 순하다. 하지만 이내 너무 눈이 부셔 계속 바라보기가 힘들다. 대왕암 위로 뜨는 해가 순하디순한 그런 해다. 낮달만큼이나 존재감이 별로 없는 해 말이다.

어쩌면 바다 위로 불끈 솟아오르는 둥근 해보다는 바다와 하늘빛, 그리고 대왕암 바위에 비추는 은은한 붉은 색감이 더 아름다운 것은 아닐까. 그래서 나는 해가 뜨기 시작하면 해를 바라보며 소원을 빈 다음 그 첫 햇살을 받는 소나무와 등대, 그리고 바다를 응시하는 사람들을 보는 것이 더 좋다. 그들의 모습에는 첫 햇살을 맞는 숭고함이 있기 때문이다.

발그레한 대왕암을 뒤로하고 왔던 길로 다시 걸어 나온다. 여기서 직진하면 아까 걸어왔던 주차장이다. 시간이 허락한다면, 그리고 좀 더 대왕암 산책길을 만끽하고 싶다면 오른쪽으로 난 해안도로를 따라 산책하는 것도 좋다. 해안가를 오르락내리락하면서 바라보는 바다 경치가 아름답다. 또한 100년 세월 동안 1만 5천 그루나 되는 소나무 숲이 만들어내는 피톤치드는 건강에도 최고다. 해안 산책로를 따라 걷다 보면 오른쪽으로 일산해수욕장이 한눈에 보인다. 그리고 멀리 커다란 상선이 보이면서 울산이 공업도시이자 수출항이라는 사실을 새삼 느낀다. 동시에 송림이 보석 같은 존재라는 것도 깨닫게 된다. 거대한 산업도시에 이러한 숲이 없었다면 얼마나 삭막했을까.

아무도 없는 숲길을 천천히 만끽하면서 걷는다. 들어올 때의 길로 되돌아 나오니 새벽에 들어갈 때는 보지 못한 동백나무가 눈에 들어온다. 이른 꽃이 나그네를 반겨 준다. 붉은 동백, 겨울에 피는 꽃이니까 새삼 이른 꽃도 아니다. 처연한 동백을 볼 때마다 이미자가 생각난다는 것은 서글픈 일이다. 그만큼 나이를 먹었다는 증표이니까. 요즘 젊은이들에게 동백은 어떤 이미지일까? 붉은 장미와 비슷하다고 생각하겠지. 드라마 〈별에서 온 그대〉 촬영지로 장사도가 뜨면서 새삼 봄철의 동백이 각광을 받고 있다. 그러한 동백을 대왕암공원에서도 만나 볼 수 있다.

편의점에서 컵라면으로 아침을 때우고 장생포로 향한다. 일산해수욕장 쪽에서 장생포 쪽으로 울산대교 공사가 한창이다. 이 다리가 개통되면 금세 장생포 고래박물관으로 갈 수 있을 것이다. 지금은 다시 서쪽으로 쭉 올라갔다가 강을 넘어서 바다 쪽으로 내려와야 하는 번거로움이 있다. 때문에 장생포 쪽을 들르지 않고 바로 태화강 쪽으로 간다거나 내륙 관광지로 가는 경우가 많다. 하지만 울산에 간다면 고래박물관은 꼭 한번 들러봐야 한다.

현대중공업이나 현대자동차가 울산으로 들어오지 않았다면 이곳은 여전히 한적한 포구로 남아 있었을지도 모른다. 하지만 산업화를 거치며 이 한적한 포구에 현대중공업이 자리를 잡기 시작하면서 이제는 대한민국에서 가장 잘 사는 도시로 거듭났다. 울산만 따지고 본다면 우리나라는 진작 선진국이 됐다. 1인당 국민소득으로 평가하면 선진국과 어깨를 나란히 할 정도다. 그만큼 도시 전체가 물질적으로 풍요롭다. 전 세계에 수없이 많은 바퀴들을 팔아서 이만큼의 부를 이룬 것이다. 어쩌면 울산과 거제, 창원과 같은 도시가 있었기에 지금의 대한민국이 있다고 해도 과언이 아니다. 그래서 더욱 생태에 관심을 가지고, 삶의 질을 높이는 데 투자하는 것이다.

옛날 장생포 포구를 지나자 바닷가에 고래박물관과 생태체험관이 나왔다. 박물관 바로 옆에는 고래를 보러 떠나는 관광선이 육중하게 정박하고 있다. 장생포는 우리나라 고래잡이의 산증인이요, 역사다. 내부로 들어가면 흑백사진에 찍힌 장생포 포구를 볼 수 있다. 건물보다 훨씬 큰 고래를 해체하는 장면은 고래박물관의 가장 큰 볼거리 중 하나이다. 이른 시간이어서 나 말고 다른 관람객은 보이지 않는다. 커다란 귀신고래 뼈가 박물관 천장에 매달려 있다. 와, 정말 크다. 곳곳에 고래 사진과 고래 관련 자료가 있어서 가족끼리 찾는다면 산교육이 될 만한 박물관이다. 특히 바닷속 고래 소리를 듣는 것 자체가 새로웠다. 비록 녹음된 소리이기는 했으나 처음 들어본 고래 울음소리가 신비롭기까지 하다.

인류와 함께 한 포유류, 고래. 친구이면서도 인간에게 가장 큰 상처를 받은 동물이기도 하다. 여기서는 인간과 고래, 이 모두가 자연의 일부로 소중하다는 것을 깨우칠

수 있다. 특히 시간이 없어서 울산 반구대 암각화를 보러 가지 못할 경우에는 이곳에 거의 원형 그대로 만들어 놨기 때문에 조금이나마 위안이 될 것이다.

밖으로 나오니 딸아이와 함께 온 젊은 새댁 빼고는 여전히 나뿐이다. 바로 옆 생태체험관에서는 커다란 수족관에 있는 실제 고래를 만나 볼 수 있다. 입장료는 별도다. 송창식의 '고래사냥'을 흥얼거리며 장생포항을 떠난다.

인생을 살아가면서 모두들 자기만의 고래 한 마리는 키우며 살 것이다. 울산은 그러한 고래를 꿈꾸며 한 번쯤 찾아볼 만한 도시이다. 특히 젊은이들에게는 말이다. 현대그룹을 일군 정주영 회장도 젊은 시절 자기만의 작은 고래를 이토록 거대하게 만들지 않았겠는가. 그래서 울산에 가면 조선소와 자동차 공장 등을 보며 인간의 위대함에 새삼 놀라게 된다. 인간 능력의 끝은 어디까지일까.

마지막 일정인 태화강 십리 대나무 숲길을 가기 전, 시내에 있는 빈스톡 쪽으로 가서 밥을 먹기로 했다. 차를 주차할 곳이 없어 두 바퀴를 돌다가 밀면집 공영주차장에다가 차를 댔다. 그냥 대기가 미안해서 밀면집으로 들어갔다. 점심 전이라 여기도 나 혼자다.

“밀면 됩니까?”

“하모에 혼자 오셨습니까?”

“네, 혼자네요.”

“어데서 오셨습니까?”

“서울에서요.”

경상도 사투리가 진하게 묻어나는 주인집 아주머니가 주문을 받는다. 부산 여행을 할 때 먹었던 밀면을 시켰다. 밀면은 메밀이 아닌 밀가루로 만든 냉면이라 할 수 있다. 배고픈 참에 먹어서인지 맛이 좋다. 후식으로 빈스톡에서 커피를 한 잔 마시고 태화강으로 향한다.

태화강은 죽은 강이었다. 하지만 지금은 거의 1급수 수준까지 다시 살아났다. 도심을 가로지르는 강이지만 물이 깨끗하다. 수질과 주변 환경을 개선해서 세계 어느 곳에 내놓아도 자랑할 만한 강으로 다시 태어난 것이다. 복원 중인 태화루 쪽에 차를 대고 본격적으로 태화강을 산책한다. 겨울바람이 좀 쌀쌀했지만 햇볕은 따뜻해서 걸을 만했다. 잘 정비된 자전거 도로와 인도가 인상적인 곳이다. 예스러움이 묻어나는 태화루가 복원되고 나면 태화강은 더욱더 볼거리가 풍성해질 것이다.

강 건너 고층 아파트가 울산의 부를 말해주는 듯하다. 자전거를 타는 시민이며 걷는 사람들이 여유가 있어 보인다. 울산에는 거지가 없다고 하던데, 수많은 일자리가 있어서 그런 듯싶다. 대학을 나오지 않은 근로자들도 이곳에서는 연봉이 높다. 그만큼 전체적으로 생활수준이 높은 것이다. 때문인지 사람들의 기운에서 여유로움이 묻어난다. 그 기(氣)란 어쩔 수 없나 보다. 나도 한 명의 울산 시민이 돼서 강가를 걷는다. 잔잔한 음악도 흐른다. 밝은 햇살에 음악이 더

해져 기분이 좋아진다. 십리 대숲 쪽으로 한참을 걸어 내려가니 멋진 다리가 나온다. 강과 다리, 그리고 건너편 고층 아파트가 어우러져 세련됨을 더하고 있다.

바람이 거세다. 바람 부는 날에 대숲에 들어가면 바람이 잔잔해짐을 느낄 수 있다. 바람을 피하기에 대숲만큼 좋은 곳도 없다. 대숲 산책길로 들어서니 언제 바람이 불었냐는 듯 조용하다. 촘촘히 심어놓은 대나무가 방풍 역할을 제대로 한다. 어떻게 강가에 이렇게 많은 대나무를 심어 놓는지 놀라울 따름이다.

숲길을 걸으면서 운동을 하거나 산책하는 시민들이 많다. 비록 인공이긴 하지만 대나무 숲이 주는 매력은 역시 청신함이다. '쏴아쏴아' 바람이 스치는 소리는 또 다른 관음이다. 소리를 음미하는 것, 관음. 관조만큼이나 깊이 있는 단어가 아닌가 싶다. 관음하고 싶거든 울산 십리 대나무 숲을 찾을 일이다. 바람과 나무가 조우해서 만들어 내는 소리는 또 다른 자연이다. 그 소리가 참 좋다.

혼자서 한참을 걸었다. 산업화 시대를 생각한다면 반듯하게 길을 냈을 법도 한데, 구불구불한 곡선의 산책길이 참으로 아름답다. 특히 햇빛이 대숲으로 들 때면 어둠과 밝음이 만들어 내는 조화가 마치 카라바조(Caravaggio)의 그림을 생각나게 한다. 음영의 아름다움이란 바로 이런 것이다.

대숲에서 넓은 공원 쪽으로 나왔다. 봄철에 꽃이 피면 볼 만할 것 같다. 바람을 막아주는 대나무가 없으니 넓은 공원에 서 있는 나그네가 더욱 쓸쓸해 보인다. 이번 울산 여행은 혼자였지만 많은 것들을 생각하게 되는 여행이었다. 바퀴의 소중함과 우리를 이만큼 살게끔 만들어 준 산업역군들, 그리고 자연을 깎아 산업문명을 만들었지만 결국 우리가 돌아가야 할 곳은 자연이라는 것도.

울산 여행지를 좀 더 많이 둘러봐야 했지만 시간이 없는 탓에 다음을 기약한다. 10년 된 나의 애마 바퀴가 잘도 구른다. 이렇게 좋은 바퀴가 없었다면 사랑하는 내 가족 품으로 돌아가는 길도 보름이 넘게 걸렸을 테지. 새삼 고마워진다. 그렇게 바퀴와 함께 또 다른 목적지로 향한다.

07

울산 커피하우스 빈스톡

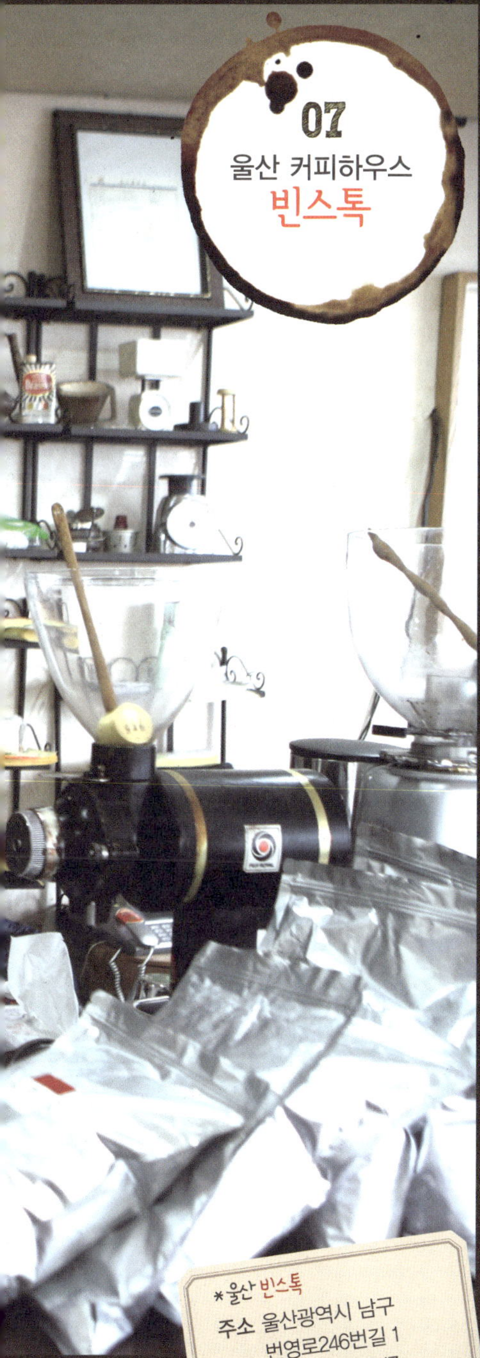

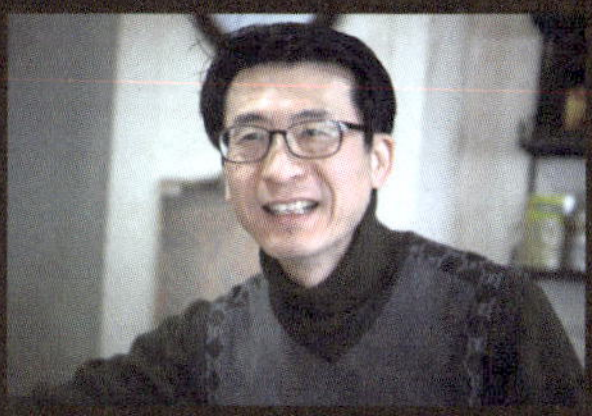

울산의 빈스톡은 일반 손님을 받기 위한 시스템이 아닌 듯해서 카페로 소개하기가 좀 그렇다. 이 카페는 사실 로스팅을 전문으로 하는 공장이나 다름없어서 근사한 인테리어나 멋진 디스플레이를 기대하고 찾아간다면 실망하게 될 수도 있다. 하지만 굳이 이곳을 전국적인 카페로 넣으려는 이유가 있다. 바로 커피를 사랑하는 커피마스터의 마음 때문이다.

2층으로 난 좁은 계단을 올라갔다. 1층에도 카페가 하나 있는데, 그 집은 빈스톡이 운영하는 집이 아니다. 이 묘한 관계는 무엇이란 말인가? 빈스톡은 한 20평 정도 되는 크기에 오른쪽에는 로스팅룸이 있고, 별다른 장식 없이 소박한 모습이다. 오전 시간에 찾아서인지 커피를 볶는 마스터와 사모님 단둘이 계셨다. 마스터는 첫눈에도 참 바른 선비 같은 인상이다. 한편으로 좀 깐깐해 보이는 느낌도 있어서 오늘도 그냥 커피만 마시고 가야 되나 걱정했는데, 이것저것 많은 설명을 해 주신다. 안심이다. 1996년에 오픈했다고 하니 거의 20여 년 가까이 커피의 길을 걸어오신 분이다.

*울산 빈스톡
주소 울산광역시 남구 번영로246번길 1
전화 052-267-7847

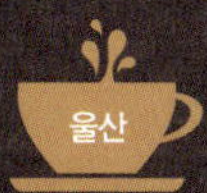

케냐 AA를 한 잔 주문했다. 아프리카 커피 특유의 신맛이 별로 나지 않았다. 선생님께 조심스럽게 여쭈어 보니 경상도 사람들은 대체적으로 신맛을 별로 좋아하지 않는다고 했다. 그래서 로스팅할 때 강 볶음을 한다는 것이다. 커피가 많이 쓴 듯했지만 뒷맛이 워낙 깔끔해서 만족했다. 뭐랄까, 정말로 당신을 닮은 커피다. 외모에서 느껴지는 선비와 같은 맛. 마치 매화의 그 군더더기 없는 향을 닮은 듯해서 행복했다.

박이추 선생이 이곳 커피마스터의 정신적인 커피 선생이었단다. 그래서 그런지 박이추 선생의 커피하고도 맛이 비슷하다. 무뚝뚝해 보이지만 의외로 자상한 것까지. 한 가지 아쉬웠던 것은 커피 잔이 종이컵이었다는 점이다. 선생님도 내심 그것이 걸렸는지 언젠가부터 종이컵에 내리고 있다며 미안해하신다. 종업원 없이 손수 드립하고, 로스팅도 쉬지 않고 하다 보니 체력의 한계는 물론, 컵을 씻을 시간도 없는 것이다. 전국적으로 택배 주문도 많아 쉴 새 없이 일을 하고 계시니 충분히 이해가 갔다. 이 정도는 되니까 경상도 3대 천왕으로 대우해 주는 것이겠지.

지금이야 로스터리 카페가 수도 없이 생겼지만 10여 년 전만 해도 가게에 로스팅 기계가 있다는 것은 놀라운 일이었을 것이다. 그것만으로 게임이 끝났다고 봐도 이상할 게 없던 시절이다. 예전 시골에서 콩을 볶을 때는 무쇠솥에 많이 볶아 먹었다. 커피도 같은 콩이니 무쇠솥에 커피 콩을 볶는다는 사람도 있고, 광화문에는 뻥튀기 기계처럼 통돌이로 볶고 있는 카페도 있다. 수많은 마스터들이 각자의 방식으로 선호하는 기계를 이용해서 커피를 볶고 있는 것이다.

울산의 빈스톡이나 주문진의 보헤미안 마스터들을 보면 무일(無逸)을 생각하게 된다. 하루도 빠짐없이 게으름 피우지 않고, 쉼 없이 자신의 노동력을 극대화하는 사람들. 말만 앞서는 사람들과는 차원이 다르다. 그래서 그들이 존경스럽다. 500g짜리 로스팅 기계로 맛이 변할까 봐, 고객이 실망할까 봐 그 많은 콩을 볶는다. 전국에 퍼져 있는 맛집들을 살펴보면 하나같은 특징이 존재한다. 바로 주인들의 장인정신이다. 보헤미안이나 빈스톡의 마스터 역시 우리 시대 진정한 커피 장인이 아닌가 싶다.

100g짜리 예가체프 하나랑 케냐 AA 한 봉지를 샀다. 멀리서 왔다고 하나 값만 받으신다. 그 마음이 고마워서 연신 인사를 하며 울산 빈스톡을 떠난다. 세상의 인심이 이렇기만 하다면 얼마나 좋을까. 커피 맛이 내 입맛에 맞아 좋기도 했지만 선생님과 커피에 대해서 이것저것 이야기를 나눌 수 있어서 정말로 행복한 시간이었다. 그래. 열심히 공부해서 이러한 커피 장인들의 정신을 나누자고 다짐해 본다.

상상하면서 걸어라!
경주 여행

제주도와 경주는 대한민국 대표 관광지이다. 90년대 말 이후 새롭게 뜬 남이섬이나 거제 외도, 대관령 양떼목장 등에 밀려 한때 고전하기도 했지만 조용필이 '바운스'로 또다시 전성기를 맞게 된 것처럼 경주도 최근 또다시 도약하고 있다. 신라 천년의 고도에서 묻어 나오는 원초적 아우라 때문일까, 아니면 뼈끝까지 스며든 그들만의 정신적 자부심 때문일까. 아직까지도 수많은 사람들이 다시 찾고 싶어 하는 관광지로 그 자부심을 이어가고 있는 경주의 저력이 궁금하다.

하지만 한편에는 경주를 폄하하는 부류들도 적잖이 존재한다. 일제강점기에 있었던 의도적인 훼손과 60~70년대 압축된 경제 성장을 거치면서 옛 경주의 맛을 다 잃어버렸다고 하는 사람들이다. 나는 그들에게 경주에 얼마나 가 보았냐고 반문하

고 싶다. 고작 수학여행이나 수박 겉 핥기 식으로 잠깐 다녀
오고 나서 그런 말들을 하는 것이라면 안타까움을 금할 수
없다. 그들의 말도 일부 맞기는 하다. 나 또한 옛 도심의 원
형이 많이 파괴된 것에 속상하기 그지없다. 그러나 며칠을 찬
찬히 묵으면서, 아니면 주제를 정해서 몇 번이고 경주를 찾는
다면 그러한 선입견은 사라질 것이다. 또한 최근 들어 옛 경
주의 원형을 찾으려는 경주시의 노력 역시 높이 살 만하다.

사람들마다 경주 하면 떠오르는 문화유산이 있을 것이다.
석굴암과 불국사 같은 불교 유산이나 에밀레종의 은은하고
한없이 평화로운 극락의 소리, 아니면 야간 조명이 비친 임해
전지의 아름다움과 남산의 수많은 탑이며 불상들까지. 이렇
듯 나열하기 힘들 정도로 수없이 많은 문화유산을 가지고 있
는 곳이 경주이다. 때문에 유네스코에서도 불국사와 석굴암

을 포함하여 경주역사지구 자체를 세계문화유산으로 지정하지 않았겠는가. 나 또한 황룡사 터에서 지는 노을을 바라보며 가슴 뭉클할 때가 있었고, 새벽녘 감은사 지삼층석탑의 당당함에 압도당한 적도 있었다. 또한 양동민속마을을 처음으로 방문했을 때는 한국의 미에 큰 감동을 받기도 했다.

최근에 경주를 방문했던 가장 큰 이유는 배병우 작가가 찍은 새벽안개에 싸인 구불구불한 소나무 사진 때문이다. 세계적인 팝스타 엘튼 존이 배병우의 사진을 구입한 덕에 그는 더욱 유명한 사람이 됐다. 사진 한 장이 몇 천만 원이라니! 유명한 작가의 그림 못지않게 비싼 가격에 팔린 것이다. 그 모델은 모델료를 한 푼도 받지 않은 경주의 소나무들이다. 울진의 금강소나무나 강원도의 자작나무처럼 미끈하게 쭉쭉 뻗은 소나무가 아니다. 배병우의 그것은 마치 꽈배기 같다. 진짜 한국적인 소나무랄까. 우리네 질곡 많은 역사처럼 구불구불한 소나무는 사진으로 찍어 놓으면 훨씬 더 인간적인 맛이 난다.

배병우 작가의 소나무 사진을 본 수많은 사람들이 이 나무를 찍기 위해 경주를 찾고 있다. 하지만 똑같은 모델을 놓고 찍는다고 한들 그러한 사진이 쉽게 나올 리 없다. 나 또한 마찬가지이다. 흉내는 낼지언정 깊은 사진이 나오지는 않는다. 수십

년 일관되게 자연에 천착해서 얻어낸 작가의 결과물을 다른 이들 또한 쉽게 얻어 낼 수가 있겠는가. 그래도 그러한 소나무가 보고 싶어서 경주를 찾았다.

소나무만 볼 것 같았으면 벚꽃 시즌을 피해서 경주에 갔어야 했는데, 내가 찾았을 때가 마침 경주 벚꽃이 만발한 때여서 그야말로 북새통을 이뤘다. 톨게이트에서부터 차들로 붐빈다. 사람 많은 여행지를 싫어하는 탓에 포석정으로 방향을 튼다. 울산 방향으로 길가에 벚꽃이 멋지게 피어있다. 수십 년 된 벚꽃이 경주의 들판과 어우러져, 거기에 적당히 꽃잎이 지는 시기까지 맞물리니 환상적인 장면을 연출했다. 소나무를 보러 왔는데 소나무는 보이지도 않고, 화려하기 그지없는 벚꽃뿐이다. 그래서 여행이 즐거운 것이다. 이렇게 예기치 않았던 일들이 펼쳐지니 말이다. 벚꽃이면 어떻고, 소나무면 또 어떠한가. 나그네의 마음을 기쁘게 하는 자연인 것을.

포석정 입구의 벚꽃을 카메라에 담고 햇빛이 더 쨍쨍해지기 전에 괘릉으로 향했다. 사실 괘릉은 배병우의 소나무가 이곳에 있는 줄 착각을 해서 찾은 곳이다. 열심히 사진을 찍었건만 나중에야 장소가 틀렸단 걸 알게 되었다. 하지만 괘릉이야말로 경주를 찾거든 빠트리지 말고 찾아야 할 소중한 문화유산이다. 특히 왕릉에 관심이 있는 사람이라면 필수 코스이다. 왕릉 뒤편과 양옆으로 심어진 소나무도 멋지지만 정교하고 아름답게 조각된 석물을 감상하는 재미 또한 크다. 보통 반월성이나 대릉원 쪽에 있는 왕릉들은 구릉처럼 생긴 능이다. 봉문 아랫단을 두른 십이지신상 호석이 없는 것도 많다.

그러나 괘릉은 다르다. 세계문화유산으로 지정된 조선시대 왕릉처럼 무인석, 문인석, 십이지신상이 새겨진 호석, 그리고 난간석 등이 화려하기 그지없다. 그 시절 조성된 신라시

대 왕릉에서는 보기 힘든 능이다. 특히 무인석은 서역 사람처럼 생겨서 '아, 신라가 글로벌 하긴 했구나.'란 생각이 들게 만든다. 마치 아라비안나이트에 나오는 주인공 같기도 하고, 그리스 로마 신화의 헤라클레스 같다는 느낌도 있다. 이렇듯 괘릉은 석물 조각 전시장처럼 다양하고 다이내믹한 석상들이 많다. 이 분야에 관심이 있는 사람들에게는 최고의 문화유적지이다.

잘 정돈된 왕릉 잔디밭을 걷는다. 아래쪽에서 열댓 명 되는 초등생들이 이곳의 역사에 대해 열심히 공부하고 있다. 공부는 간단히 하고 마음껏 뛰어 놀게 해 주면 좋으련만. 왕릉 뒤편으로 가면 소나무 밭이다. 열심히 배병우 작가를 생각하며 사진을 찍었다. 나중에야 그가 많이 갔던 곳은 삼릉이란 사실을 알게 됐지만 이곳에서도 분명 한 번쯤은 찍었을 것이다.

무슨 생각을 하면서 소나무를 찍었을까 생각해 본다. 신라인들의 여유나 왕릉으로 놀러 온 서민들, 혹은 한국인의 정서를 생각하면서 찍었을까? 아니면 그저 자연만을 생각하고 찍었을 수도 있겠다. 나는 그냥 찍었다. 전문가가 아니기에 부담도 없다. 나중에 찍은 사진을 확인해 보니 허접스럽기 짝이 없었다. 그래, 새벽안개가 없잖아. 그리고 빛이 문제야. 애써 위안을 했다. 여하튼 괘릉은 배병우 작가 때문에 찾았지만 그보다 소중한 것들을 가슴에 담아 올 수 있었다.

다시 큰길로 나오니 아까보다 차가 더 많아졌다. 이제 어디를 간담? 수없이 경주를 찾았지만 올 때마다 느낌이 다르다. 경주박물관 쪽에 차를 대고 반월성 뒤쪽으로 무작정 걷기 시작한다. 아마 원효대사도 이 길을 걸었을 것이다. 조금만 더 가면 과부 요석공주가 머물었던 교동이 나오기 때문이다.

남천 위로 하얀 벚꽃 잎이 하염없이 떨어지고 있다. 원효대사는 벚꽃 잎이 지는 것을 보진 못했을 테지만 유유히 흐르고 있는 남천은 그때나 지금이나 변함없을 듯 싶다. 한적하니 참 좋다. 언제 사람이 많았나 싶게 고요하기까지 하다. 남들이 가지 않는 곳으로 가 보니 한가해서 좋다. 그런데 어떻게 반월성으로 넘어가지? 슬슬 걱정이 되기 시작했다. 수심은 낮은 듯한데 냇가를 건너가기엔 무리가 있어 보인다. 중간 정도에 있는 보를 건너가려다 포기하고 물이 흐르는 방향으로 계속해서 걸어간다. 좋다. 벚꽃 피크에 혼잡스러움을 피해 경주의 외진 곳을 여행하는 것도 경주 여행의 또 다른 맛이 아닌가 싶다.

그런데 궁하면 통한다고 멀리 남천을 가로지르는 멋진 한옥 건축물이 보이지 않는가. 옛 다리를 복원하는 건가? 가까이 가 보니 아니나 다를까 다리였다. 월정교가 남천 위로 세워져 있는 것이다. 아직 완공은 되지 않았는데 사람의 통행이 가능했다. 다리를 건너면 바로 교동이다. 경주 만석꾼 최부자가 살았던 그 유명한 교동까지 바로 갈 수 있다니. 즉석복권이라도 당첨된 듯 기분이 좋았다.

교동은 여기저기 한옥이 증축돼서 제법 신라시대로 돌아간 듯 예스러움이 묻어났다. 곳곳에 전통체험거리가 있어서 간간이 외국인들도 볼 수 있다. 노블레스 오

블리주를 대표하는 경주 최부자집. 요석공주와 원효대사의 아름다운 사랑 이야기가 있는 교동은 경주의 숨은 명소가 아닌가 싶다.

　교동을 뒤로하고 대릉원 방향으로 걸어간다. 자전거를 타고 다니는 여행객들도 많다. 이렇게 걷는 것도 좋지만 시간이 없는 사람들은 자전거를 빌려서 여행하는 것도 경주 여행에서는 효율적인 방법이다. 커다란 고분들이 보인다. 경주 시내를 대표하는 대릉원과 반월성이 좌우로 있다. 이곳에 오자 또다시 사람들이 많아지기 시작했다. 대릉원 패스. 반월성 패스. 이미 여러 번 가 봤기 때문에 이번 여행에서는 모두 지나친다. 단 대릉원 옆으로 줄지어 심어진 벚꽃길을 감상해 본다. 봄에 경주를 찾으면 지천으로 핀 벚꽃을 감상할 수 있지만 그중에서도 특히나 좋은 곳이 몇 곳 있다. 보문단지의 벚꽃도 좋고 대릉원 돌담길과 김유신 장군묘 가는 길도 아름답다.

흩날리는 벚꽃 잎처럼 발걸음이 가볍다. 단지 혼자라는 것, 수많은 인파 속에 혼자 있을 때면 늘 고독이 뒤따른다. 그러나 아파하지 마라, 즐겨라! 혼자인 여행도 충분히 즐겁다. 일할 때나 여행할 때 혼자라는 것에 신경 쓰지 마라. 그냥 그 혼자임을 즐기고, 사색하고, 자신만을 위한 힐링을 하면 된다. 행복해 보이는 가족이나 다정한 연인들을 볼 때면 혼자 하는 여행이 잠시 싫어지기도 하지만 그들이 즐기지 못하는 무언가를 만끽할 수 있기에 나 홀로 여행이 참 좋다.

대릉원 돌담길 사진을 찍고 나서 천천히 걷다 보니 분황사까지 와 버렸다. 분황사 옆이 황룡사지이다. 분황사는 원효대사가 주석했던 유서 깊은 사찰이다. 절도 간단해서 금당이 하나 있고, 3층 전탑만이 관광객들을 맞이한다. 분황사탑은 온전한 탑이 아니다. 훼손이 돼서 층수가 낮아진 탑이다.

분황사를 뒤로하고 넓은 벌판으로 걸어간다. 노란 개나리가 길가에 심어져 있고, 멀리 황룡사탑이 보인다. 그 양옆으로 수십 칸의 행랑도 궁궐의 행랑처럼 길게 줄지어 서 있다. 황룡사 9층 목탑 앞에 커다란 금당도 당당하게 자리 잡고 있다. 멋진 모습이다. 몽골의 말발굽 아래 스러지지만 않았어도 지금보다 훨씬 웅장한 황룡사를 볼 수 있었을 것이다. 아니, 몽골이 침입했을 때 용케 불타지 않았다면 임진왜

란을 거치면서 또 없어졌을지도 모른다. 역사에 만약이란 없지만 늘 황룡사 터를 찾을 때면 안타까움이 배가 된다. 만약 그때 불타지 않았다면 어땠을까? 아마 경주에서 불국사, 석굴암을 제치고 가장 인기 있는 관광지가 되지 않았을까 생각해 본다. 그 시절에 20층 높이의 목탑을 쌓아 올린 우리 선조들의 건축 기술과 백제인 아비지의 전문성에 저절로 고개가 숙여진다. 9층 목탑을 상상하며 걷는다. 그 많던 사람들이 이곳에는 별로 없다. 화려한 벚꽃을 보기 위해 모두들 보문호로 간 듯싶다. 그들이 황룡사지 같은 문화유적지 또한 빼놓지 않고 찾아주었으면 하는 바람이다.

행랑 주춧돌을 세면서 걸어본다. 이십몇 개까지 세다가 까먹어 버렸다. 이렇듯 황룡사지는 지금의 궁궐에 버금가는 건축물이 있었던 곳이다. 황룡사 탑지에는 주 춧돌만 남아있다. 그리고 중앙에 거대한 탑의 무게중심을 잡아주던 심초석이 선명 하게 남아있다. 그 앞으로는 금당 터다. 금당 안은 지금의 대웅전과는 조금 다르다. 중앙에 금동삼존장륙상을 바치고 있던 돌로 된 대좌가 있다. 좌우에 협시불이 서 있던 대좌도 보인다. 황룡사 터 자리에 서서 나 자신이 황룡사 목탑이 돼 본다. 드 넓은 평야 한가운데 우뚝 서 있다. 내 눈높이로 사방이 산이다. 마치 보령 성주사지 처럼 가까이 있는 것이 아니라 멀리 동서남북으로 산들이 앉아 있다. 나를 위해 산 들이 존재하는 것처럼 내가 중심임을 느낄 수 있다.

멀리 보문호도 보이고 반월성 안압지가 발아래로 보인다. 남산 또한 보인다. 멋

진 풍경이다. 수많은 사람들이 이곳에 와서 자신만의 불상을, 자신만의 목탑을 상상해 볼 것이다. 그래서 황룡사지는 경주의 보물이다. 천년이 넘는 세월 동안 변함없이 그 자리를 지키고 있는 주춧돌을 보면서 찰나를 견디지 못하는 조급함을 반성해 본다.

내 삶의 궤적이 어떻게 남을지 모르겠지만 황룡사지에 서면 우리네 인생이 부질없음을 느낀다. 건축가 승효상은 모든 건축물의 완결은 폐허라고 말했다. 그렇다. 인간도 한 줌의 흙으로 돌아갈 때 생의 완결을 이루지 않던가.

아쉬운 황룡사 터를 뒤로하고 그래도 벚꽃 시즌에 경주를 찾았으니 막히는 정체를 피해 보문호로 들어가는 루트를 찾아본다. 답은 우회해서 가는 길. 핸드폰으로 길을 검색해 보니 울산 가는 길 쪽에서 농로를 통해 가면 경주월드 놀이시설이 있는 쪽으로 들어갈 수 있을 것 같다. 예상대로 하나도 막히지 않고 보문호 언저리까지 진입했다. 경주월드 놀이시설 주변으로 식당이며 자전거 대여소가 많다. 더 들어가면 주차할 곳도 마땅치 않기 때문에 이쪽에 차를 대고 쉬엄쉬엄 걸으면서 벚꽃 구경을 하면 된다. 어디서 왔는지 엄청난 인파가 몰려들었다. 벚꽃 구경은 사람 구경이 반이다.

보문호 관광단지는 경주 시가지에서 동쪽으로 6.5km 정도 떨어져 있다. 명활산 옛 성터 밑에 자리 잡고 있는 호수이다. 호수만 약 50여만 평 되고, 총 323만 평 정도 된다고 하니 엄청나게 큰 단지이다. 이 호수 주변으로 수많은 벚꽃이 핀다. 쌍계사 벚꽃이나 진해 벚꽃도 좋지만 그런 곳에 비하면 그래도 한적한 편이 아닌가 싶다. 하룻밤 묵으면서 경주 곳곳의 야경도 즐기고, 벚꽃 구경도 한다면 알찬 여행이 될 것이다. 힐튼호텔 앞쪽 보문호 귀퉁이에는 예쁜 다리도 만들어 놔서 다리를 배경으로 사진을 찍으면 멋진 풍광이 나온다. 어찌나 사람이 많은지 혼자임이 괜히 좀 쑥스럽다. 그래도 간간이 혼자 사진을 찍는 사람들이 있어서 서로 위안이 된다.

다리에서 경주 보문호를 바라다본다. 신라시대에는 저 넓은 호수가 없었겠지만 지금 못지않게 사람들로 붐볐을 것이다. 몽글몽글 연기가 피어나는 기와집의 저녁때를 그려본다. 비록 남아 있는 기와집이 전주만큼도 안 되지만 그래도 경주는 경주다. 또한 앞으로 월정교처럼 옛 문화재나 집터를 잘 복원하고, 사람들의 사랑도 이어진다면 경주는 신라 천년의 고도로서 품격 있게 우리를 맞아줄 것이다.

정말로 분주할 때 경주를 찾았지만 한적했던 남천강가를 잊지 못할 듯싶다. 다시금 천년이란 세월이 흘러도 남천은 유유히 나 같은 나그네를 말없이 바라볼 것이다. 이러한 남천 위로 눈 같이 흩날리는 벚꽃이 있기에 경주가 사랑스러운 것이다.

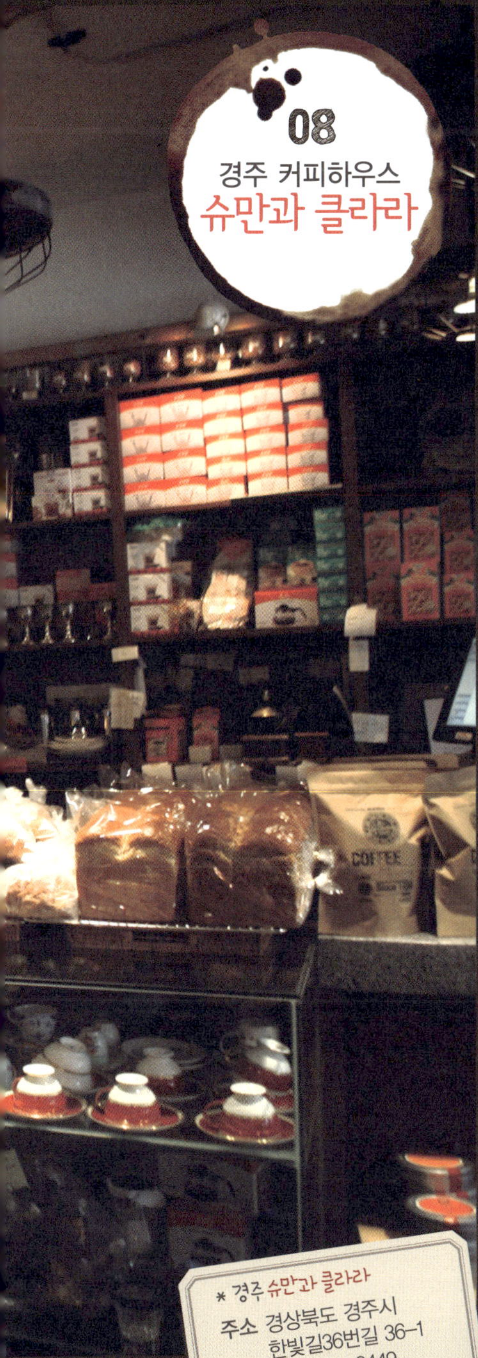

경상도에는 커피업계 3대 천왕이 있다. 대구의 커피명가, 울산의 빈스톡, 경주의 슈만과 클라라가 그 주인공들이다. 수많은 커피 마니아들은 이 3대 천왕을 찾아 경상도까지의 먼 길을 마다하지 않는다.

경주의 슈만과 클라라는 강가에 위치해 있다. 2층 살림집을 개조해서 만든 카페이다. 햇살 따뜻한 봄날에 슈만과 클라라를 찾았다. 잘 정돈된 내부 인테리어. 오래된 커피집의 분위기가 그대로 감지된다. 2층으로 올라가자 중년의 아줌마들이 자리를 잡고 있다. 그리고 그 옆에는 여행자인 듯한 아가씨 두 명이 커피를 마시고 있다. 맞은편으로 그들의 소란이 전혀 신경 쓰이지 않는다는 듯 꿋꿋하게 책을 읽고 있는 중년의 아저씨도 보인다. 혼자 와서 책까지 읽으며 커피를 마시고 있는 사람이 참 멋져 보일 때가 있다. 구리 백열등 아래에 앉은 그 남자 또한 인상적이다.

슈만과 클라라란 이름에 걸맞게 수많은 LP와 CD들이 장식장에 꽂혀 있다. 오래된 카페에는 특징이 하나 있다. 대부분의 마스터가 클래식 음악을 좋아한다는 것이다. 이곳 또한 마찬가지이다. 전체적으로 디스플레이 해 놓은 장식품, 내부 인테리어, 커피 잔까지 클래식한 분위기이다. 이러한 분위기에 딱 맞는 손님이었으면 더욱 좋았을 텐데. 그룹으로 온 중년의 아줌마들이 너무 크게 이

야기하는 바람에 나를 비롯한 다른 여행자들 역시 커피에 집중할 수 없었다.

에티오피아 예가체프 한 잔을 시켰다. 어떤 집의 커피를 평가하기에 가장 무난한 메뉴가 아닌가 싶다. 때문에 드립을 하는 카페의 경우 이 커피에 신경을 써야 된다. 장미 무늬가 들어간 식탁 위로 한 잔의 커피가 올라왔다. 코발트블루가 둘러진 순백의 커피 잔이 예쁘다. 군더더기가 없다. 이렇게 멋진 커피 잔에 커피까지 만족스러웠으면 더욱 좋았을 텐데, 뭔가 아쉬움이 있는 맛이다. 예가체프 특유의 신맛과 과일향이 부족한 느낌이다. 혹 중년의 그룹 때문에 어수선해서 그랬던 걸까. 기대했던 것보다 만족하지 못했다. 그래, 오늘 커피를 내린 바리스타 컨디션이 별로 안 좋았겠지. 애써 위안을 해 본다.

솔직히 슈만과 클라라는 클래식 때문에, 특히 브람스와 클라라의 러브 스토리 때문에 더더욱 와 보고 싶었던 카페이다. 자전거 사고 이후 내 삶의 가장 큰 변화 중 하나가 커피를 사랑하게 됐다는 점과 일상에서 클래식을 많이 들으려 한다는 것이다. 원래는 클래식보다 U2와 같은 록 음악을 무척이나 좋아했던 사람이다. 나이가 들면서 바뀐 걸까. 물론 여전히 록을 좋아하지만 말이다.

처음 클래식을 듣기 시작하면서 가장 강렬하게 나에게 울림을 줬던 음악이 있다. 지금까지 살면서 단 한 번도 음악을 들으면서 울어본 적이 없었는데, 그날은 운명처럼 브람스의 '헝가리 무곡'을 들으면서 펑펑 울었다. 남자가 운다는 게 참 쑥스러운 일이기는 하지만 그날의 느낌이 너무나 강했기에 조금 언급하려는 것이다.

우리의 인생을 여행으로 비교할 때가 많다. 그러한 기나긴 여행을 하면서 즐거울 때도 있고, 슬플 때도 많을 것이다. 오르막이 있으면 내리막이 있듯이 집시풍의 '헝가리 무곡'을 들으며 내 인생하고 어쩌면 이리도 똑같을까 하는 생각에 눈물을 주체할 수 없었다. 눈물로 인해 운전을 못할 지경이었다. 그날따라 어찌나 많은 비가 자유로에 퍼붓던지. 그 이후로 브람스의 음악이 괜히 좋아졌다.

요하네스 브람스. 19세기 후반 낭만주의 음악가로 독일의 함부르크에서 태어났다. 슈만과 클라라 커피하우스에서 왜 뜬금없이 브람스를 이야기 하나 의아해할 것이다. 하지만 클래식에 조금만 관심을 가지고 있는 사람이라면 지고지순한 브람스의 사랑 이야기를 다 알고 있지 않을까 싶다. 그는 슈만의 제자였다. 14살 연상이자 스승의 아내를 죽을 때까지 사랑했던 남자 브람스. 슈만이 죽고 나서도 브람스는 계속해서 한 여자만을 사랑했다. 클라라가 죽자 얼마 안 있어서 브람스도 죽는다. 이 세상에 한 여자를 이렇게도 열렬히 사랑했던 사람이 또 있을까? 지독한 순애보다. 그래서 더욱 브람스가 사람들에게 회자되고 있는 것인지도 모른다.

햇살 좋은 봄날 슈만과 클라라에서 세기의 사랑 이야기를 떠올려 본다. 사랑의 대상은 사람이 될 수도 있고, 일이 될 수도 있겠지만 브람스처럼 변함없이 한 대상을 사랑한다는 것이 가능한 일일까. 또한 나는 평생 여행만을 사랑하면서 살아갈 수 있을까. 수많은 유혹들이 있겠지만 브람스처럼 그러고 싶다.

그래. 경주는 브람스야.

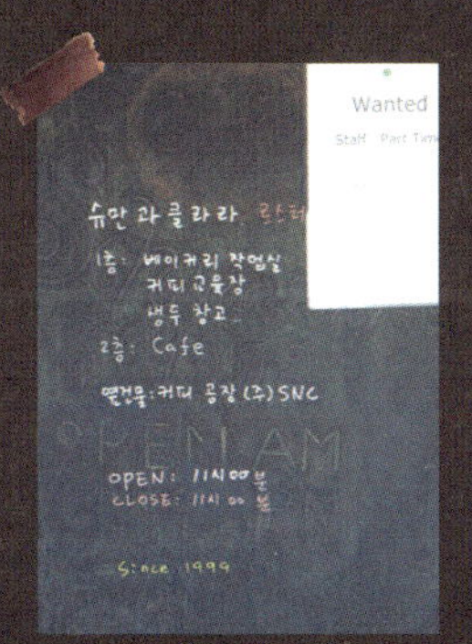

솔향, 커피향이 어우러진
강릉 여행

나는 강릉이 참 좋다. 맨 처음 대관령을 넘을 때 느꼈던 그 풍경을 잊을 수가 없다. 담담한 수묵화처럼 백두대간 능선들이 다 드러났던 겨울, 눈 덮인 산 너머로 파란 동해가 보였다. 그 이후로도 수없이 대관령을 넘으면서 그 풍광을 보았지만 그때마다 산 위에서 바라보는 강릉 주변의 경치에 감탄을 하고 만다.

예전 대관령휴게소를 지나면 강릉 땅이다. 지금은 터널이 생겨서 금세 내려가지만 그전에는 구불구불 아흔아홉 고개를 돌아 내려가야 강릉이 나왔다. 그 길을 내려가다 보면 전라도에서는 보기 힘든 쭉쭉 뻗은 소나무가 굉장히 멋있다. 어디를 가든 소나무가 자리하고 있어 더욱 사랑스러운 고장이 아닌가 싶다. 그렇다. 강릉 하면 소나무가 떠오른다. 물론 동해도 있지만 산을 좋아하는 까닭에 바다보다 소나무가 더 인상 깊었는지도 모른다. 강릉에서 살아 본 사람들은 알 것이다. 동해도 좋지만 금강 소나무에서 은은하게 배어 나오는 그 향기가 얼마나 사랑스러운지를.

그런데 최근 강릉에 새로운 향이 하나 더 추가되었다. 솔향 사이로 커피향이 자리를 잡기 시작한 것이다. 최근 10여 년 만에 찾아온 놀라운 변화이다. 커피와 전혀

Coffee
CUPPER

상관없던 도시가 이제는 대한민국 커피의 메카가 되었다. 하기야 예전 안목 해변에 자판기 커피가 유명했을 때부터 커피의 성지가 될 운명을 타고났었는지도 모른다.

이번 여행은 강릉의 커피향을 찾아가는 여행이었다. 솔직히 나는 커피를 잘 모른다. 지난 늦가을 자전거 사고가 나기 전에는 더욱 그랬다. 그 이후 일주일 정도 병원에 입원을 했으나 체질적으로 가만히 누워있는 것을 힘들어해서 무리하게 퇴원을 했다. 집에서 통근 치료를 하던 중 우연히 커피 아카데미를 발견했다. 마치 무언가에 홀린 듯 아카데미에 들어갔고, 그렇게 운명적으로 커피를 만나게 된 것이다. 그런데 이놈의 커피가 참 묘해서 배우면 배울수록 재미가 있다. 막연하게 마시던 커피에서 이야깃거리가 있는 커피로 변화한 것이다. 이렇게 3주 정도 아카데미에서 공부를 하다 보니까 유명한 커피하우스에 가 보고 싶다는 생각이 들었다. 그래서 찾게 된 도시가 바로 강릉이다.

강릉은 내 안마당이 아니었던가! 대학 4년을 강릉에서 다녔고, 군대 가기 전에는 1년간 횡계에서 살았었기 때문에 나의 고향처럼 푸근한 곳이다. 그래서 이번 커피 여행이 편했

다. 장염 기운이 있던 둘째 딸 때문에 망설여지기는 했지만 떠나는 데 지장이 없는 날씨였다. 우리는 3일 동안 강릉에 머물기로 했다. 한 도시에, 그것도 한 숙소에서 머무는 여행이라 매일 짐을 싸지 않아도 된다는 점이 편했다. 늘 급하게 여기저기 다녔던 터라 이번 여행에서는 좀 더 여유롭게 여행지를 볼 수 있었다. 또한 아이들에게 아빠의 젊은 날 추억이 살아있는 강릉의 구석구석을 보여줄 수 있다는 것도 좋았다.

대관령을 넘어 강릉으로 가는 길이 순조롭다. 호텔에 짐을 풀고 주문진 아래 연

곡 해변으로 나갔다. 영진 쪽에서 바라보는 바다와 빨간 등대가 멋진 곳이다. 또한 바다로 흘러가는 하천에서 쉬고 있는 갈매기 떼는 장관을 이룬다. 많이 알려지지 않았지만 가끔 찾는 곳 중에 하나이다. 펜션이나 카페를 하나 지어도 될 만큼 근사하다. 서쪽으로 고개를 돌리면 멀리 백두대간 줄기가 남북으로 길게 뻗쳐있는 모습도 장쾌하다. 이렇듯 강릉은 파란 바다가 있고, 눈 쌓인 산맥이 있어서 더욱 사랑스러운 건지도 모른다. 마치 히말라야 아랫동네에서 경외의 대상으로 설산을 바라보는 느낌이다.

연곡 소나무 숲을 뒤로하고 남쪽으로 방향을 잡으면 하평 해변이 나온다. 하평 해변은 연곡이나 사천진항에 가려져 잘 알려지진 않았지만 이 고장 사람들은 잘 알고 있다. 차를 하평 해변 중간에 세우고 바다로 내려가 본다. 바닷가 카페 앞으로 바위섬 하나가 눈에 들어온다. 바다 쪽으로 20여 m 떨어진 바위섬인데, 파도가 잔잔한 날에는 그 섬까지 걸어갈 수 있다. 동해 바다는 서해보다 해안이 단조로워 왠지 좀 밋밋하다. 하지만 하평 해변은 꽤 괜찮은 바위들이 해안가에 있어서 눈이 심심하지가 않다. 거북이 바위, 로브스터 바위 등 이름을 붙여 가며 사진을 찍어서 보니 영락없이 닮았다. 하평 해변은 파란 바다와 바위가 멋지게 어우러진 곳이다. 날씨에 따라 바다 색깔이 달라지는데, 겨울 동해는 짙푸른 청색이다. 마치 피카소의 청색시대를 떠올리게 하는 쪽빛에 청록 물감을 덧칠한 듯하다.

누군가를 위로해 준다는 것은 참으로 위대하다. 삶이 힘들고 각박해질 때 우리는 누군가에게 따뜻한 말 한마디를 듣고 싶어 한다. 사람이 여의치 않을 때에는 바다를 바라보는 것만으로도 마음에 위안이 되기도 한다. 하얀 포말을 일으키며 줄줄이 밀려오는 파도는 인생을 깨끗하게 살아가라는 듯 순백 그 자체이다. 산산이 부서질 줄 알면서도 맹렬하게 달려오는 파도가 존경스럽다. 나는 저토록 치열하게 온몸이 부서져라 행동한 적이 있었던가. 그래서 겨울 바다는 지친 영혼에게는 위로가 되고, 나약한 사람들에게는 삶의 치열함을 깨우쳐 주는 것이다.

바람이 거세다. 거친 바람 때문에 바다에는 한 척의 배도 없다. 배까지 없는 겨울 바다는 더욱 허전하다. 공허하기 때문에 많은 것을 채워갈 수 있는 것인지도 모른다. 매서운 바람 때문에 우리 가족은 바닷가에 자리 잡은 카페에 들어갔다. 1층에서 주문을 하고 2층에서 커피를 마셨다. 커피로 숙성시킨 돈가스가 유명한 집이란

다. 아이들을 위해 돈가스를 시키자 아메리카노 커피 한 잔은 덤으로 나온다. 돈가스는 양이 조금 적었지만 커피로 숙성을 시켜서인지 맛이 괜찮았다. 따로 시킨 하우스 블렌딩 커피는 공짜로 제공되는 아메리카노보다 맛이 덜해 아쉬웠다. 핸드 드립으로 내려 준 커피였는데, 너무 연해서 맛의 특징을 느낄 수가 없었다.

이곳의 커피마스터는 그림을 전공했다고 한다. 곳곳에 스케치한 그림과 조각상들이 마스터의 내력을 말해주는 듯하다. 돈가스를 맛있게 먹고 나니 그제야 창밖으로 하평 해변이 보인다. 활처럼 휜 모래사장에 멋진 바위 경치가 좋았다. 한여름 한적하게 해수욕을 즐기고 싶다면 찾아가도 좋을 듯싶다.

하평 해변을 뒤로하고 강릉 시내로 돌아간다. 너무 추워서 더 이상 돌아다닐 여력이 없었다. 또한 장염 기운이 있는 둘째 아이가 신경 쓰였다. 설사를 하며 아프다고 하니 여행 중간에 서울로 올라가는 일이 생길지도 몰라 걱정이 됐다. 아침

에 눈을 뜨자마자 밤새 아파하던 둘째 아이를 데리고 응급실로 향했다. 지방의 도립의료원 응급실은 한가하기 그지없었다. 환자라고는 우리 아이뿐이었다. 앳된 여의사 말이 탈수 증상이 있으니 링거 한 대 맞고 안정을 취하는 게 좋을 것 같다고 한다. 링거를 다 맞는 시간이 2시간 정도 걸린다고 하여 집사람과 둘째를 두고 큰 아이와 함께 왕산에 있는 커피커퍼로 향했다. 아픈 딸을 두고 가는 것이 미안하기는 했지만 소중한 여행길에 모두가 다 병원에 있을 수는 없지 않은가.

눈 쌓인 강릉은 아름다웠다. 눈이 시리도록 푸른 겨울 하늘이 하얀 산과 대비되어 더욱 선명했다. 강릉 커피커퍼는 옛 대관령 넘어가는 성산 쪽에서 임계 가는 방향에 있다. 특히 이 길은 저수지와 계곡을 볼 수 있어 더욱 매력적이다. 오염되지 않은 오지로 가는 길이니 초행인 사람들에게는 더욱 사랑스럽다. 대기리 넘어가는 고개 아래 자리 잡고 있으며 우리나라에서 몇 안 되는 커피박물관이다. 특히 커피를 직접 생산한다는 특징이 있다. 커피는 본래 아열대 지방에서 재배되는 나무이기에 우리나라는 커피 재배를 할 수가 없는 나라였다. 하지만 이제는 한국에서도 커피체리를 볼 수 있게 됐다. 빨갛게 익은 체리를 보면 신기하고 색다르다. 비록 비닐하우스에서 재배되는 커피이지만 이국적이고 생소한 느낌을 받을 수 있다.

커피커퍼에서는 커피체리뿐만 아니라 커피 산

지별 다양한 생두나 커피와 관련된 유물들을 볼 수 있다. 커피 공부를 하거나 커피 마니아들은 로스팅을 어떻게 하는지 궁금해 하는 경향이 있다. 이곳에선 커피 로스터를 가까이서 볼 수 있으며 로스팅하는 모습도 눈앞에서 볼 수 있다. 이것저것 물어봐도 친절한 답변을 들을 수 있고, 생두를 직접 로스팅해 보는 체험실이 따로 있어 관광객들에게 인기 만점이다. 나만의 원두를 가져오는 재미와 커피의 역사 및 문화를 만날 수 있어 더욱 의미 있다.

게다가 경치가 좋은 곳에 자리를 잡고 있어 한여름에는 계곡물 소리를 들으며 모닝커피 한 잔을 마셔도 좋을 듯하다. 입장권에는 커피 한 잔 값이 포함돼 있기 때문에 관람을 마치고 테이크아웃으로 마실 수 있다. 2층 카페에서 마시려면 테이크아웃 커피를 마시지 않고 할인쿠폰을 이용해서 핸드 드립 커피나 다른 커피를 골라서 마실 수 있는 시스템이다.

큰 딸과 함께 구경을 마치고 주차장으로 돌아갈 때가 되자 응급실에 누워있는 작은 딸이 생각났다. 참, 내 딸이 지금 병원 응급실에 누워 있지! 또다시 우리 둘만 온 것이 미안해 전화를 걸었다.

"여보, 나야. 지민이 어때?"

"링거 맞고 많이 좋아졌어. 어디에요?"

"지금 커피박물관에서 출발하려고. 미안해요, 우리만 와서."

"괜찮아요, 빨리 오세요."

우리만 갔다고 화가 날 만도 한데 너그럽게 이해해 주는 아내가 고맙다. 그렇다. 직업이 여행이다 보니 일반인이 생각하기에는 이해가 안 가는 여행도 자주 했었던 것 같다.

응급실에 가 보니 다행히 둘째의 상태가 많이 좋아졌다. 아이들은 아프면 맥없이 있다가도 조금만 살아나면 금세 장

강릉

난을 친다. 둘째 아이가 아빠만 갔다 왔다며 응석을 부린다.
퇴원을 하고 아이를 업어 줬다. 업어주는 아빠의 등이 따뜻했
으면 좋겠다. 어제부터 먹지를 못해서 기운이 없는 둘째를 위
해 죽을 샀다. 다른 가족들 역시 호텔에서 아침 겸 점심을 먹
은 게 전부라 출출했다.

강릉 맛집 중에 칼국수집이 몇 곳 있다. 그중에 형제칼국
수 집으로 가서 칼국수를 시켰다. 칼국수가 나오기 전에 둘
째가 죽을 먹기 시작했다. 어제부터 아무것도 못 먹은 아이에
게 죽은 그 어떤 음식보다도 맛있는 듯했다. 맛있다고 하면
서 잘도 먹는다. 그런데 사단이 생겼다. 밍밍한 죽을 맛있게
먹던 둘째가 매운 칼국수를 보더니 눈빛이 달라졌다. 계속해
서 우리가 먹는 칼국수만 쳐다본다. 그리고는 한 입만 먹으
면 안 되냐고 계속해서 보챈다. 미안한 마음이 들었지만 냉정
하게 안 된다고 한 후 칼국수를 다 먹었다. 칼국수는 물론,
무김치까지 맛있었다. 아이는 얼마나 먹고 싶었는지 금방이
라도 울 것 같은 표정이 됐지만 끝내 한 젓가락도 주지 않
았다. 아이는 다음에 꼭 다시 와야 한다며 약속하란다. 방
학이 끝나기 전에 다시 오기로 약속을 하고 나서야 식당을
나왔다.

호텔로 가는 동안 둘째 때문에 얼마나 웃었는지 모른다.
죽을 그렇게 맛있게 먹더니 금세 매운 칼국수에 빠질 수가 있
냐고 놀리면서 말이다. 몸 상태가 확실히 나아진 것 같아 다
행이었다. 서울로 올라가지 않아도 될 것 같았다. 다음 날엔
오지마을 법수치리와 대기리 눈축제에도 다녀왔다.

어느새 강릉에서의 마지막 밤이다. 우리 가족은 학산리에
있는 테라로사 커피공장에 찾아갔다. 테라로사는 2002년 강
릉시 구정면 어단리에 문을 열었다. 처음에는 커피를 로스팅

해서 카페나 레스토랑, 리조트 등에 공급하기 위해 시작했다고 한다. 하지만 커피 볶는 향이 얼마나 진했던지 강릉뿐만 아니라 서울을 비롯해 전국에서 찾아오기 시작했다. 참으로 놀라운 일이 아닐 수 없다. 어떻게 이곳까지 찾아오는 것일까. 유동인구가 많은 역세권에 커피숍을 차려도 망해 나가는 마당에 참으로 대단한 일이 아닐 수 없다.

이곳의 비결은 맛이다. 좋은 맛을 내려면 최상급 생두를 직수입해서 잘 로스팅해야 된다. 로스팅만 잘 했다고 되는 일이 아니다. 아무리 좋은 생두를 쓰고 잘 로스팅한 원두라 해도 바리스타가 드립을 잘못하는 순간 한 잔의 커피는 망쳐질 수 있다. 그래서 맛으로 이름난 카페는 그 집 막내의 커피 추출 실력까지 신경을 쓰고, 직원 교육에 혹독하다.

강릉 시내에서 남쪽으로 방향을 잡아 내려가면 학산 가는

길을 만난다. 가는 길에는 굴산사지당간지주도 볼 수 있다. 밤나무밭을 지나면 테라로사 주차장이 나온다. 입구에서부터 눈에 익은 자작나무가 여행객을 반긴다. 골목길 같은 코너를 들어가면 카페 입구다. 카페 문을 열고 들어가자 진한 커피향이 묻어난다. 어디든 오랜 역사와 유명세를 타는 카페에 들어가면 첫 분위기부터 벌써 다르다. 여기도 마찬가지이다. 따뜻한 나무로 인테리어를 해서 더욱 아늑한 느낌이 난다. 카페 한쪽에서 자라고 있는 커피나무는 이곳의 운치를 더하고, 커피와 관련된 수많은 인테리어 소품들이 눈에 띈다.

한쪽에서는 쉴 새 없이 로스팅을 하느라 바쁘다. 커피공장임을 실감한다. 바리스타가 작업을 하고 있는 곳에 바가 있다. 혼자 왔거나 마스터와 소소한 대화를 나누고 싶다면 바에 앉는 것이 좋을 듯하다. 아이들과 아내는 커다란 테이블에 앉고, 나는 혼자 온 사람처럼 바에 앉았다. 바에서 커피를 마실 때는 8,000원에 세 잔의 커피를 맛볼 수 있는 메뉴도 추천할 만하다. 블렌딩한 커피를 마시거나, 아니면 단종 커피를 마실 수도 있다. 재수가 좋으면 서비스로 한 잔을 더 내려 주는 경우도 있다. 그날 나도 네 잔을 마셨다. 그 대신 양이 일반 커피보다 적다. 여러 가지 맛을 테스팅해 보고 공부하기에 아주 좋은 시스템인 듯하다. 케냐 AA 한 잔, 에티오피아 예가체프, 브라질 커피, 예멘 모카커피까지 네 가지를 마셨는데, 확실하게 아프리카 커피에서는 과일향이 느껴졌다. 또한 예멘 모카커피는 아프리카 커피에서는 느껴지지 않은 묵직한 바디감이 좋았다.

행복하다. 바 옆 테이블에서는 딸들이 그림을 그리고 있고, 나는 그들을 모르는 사람처럼 바라보며 여유 있게 커피 한 잔을 음미한다. 이제 막 공부를 시작한 커피 초보이지만 내가 생각했던 맛과 메뉴판에 있는 커피 맛의 설명이 비슷할 때의 기쁨이 크다. 커피는 배울수록 재미가 있다. 여행하고도 찰떡궁합이 아닌가 싶다. 커피 덕분에 잠자던 나의 여행 에너지가 다시 살아난 것도 나에게는 커다란 수확이 아닐 수 없다. 미친 듯이 이곳저곳을 다니다가 최근에 좀 주춤했었는데, 커피로 인해 다시 바람처럼 돌아다니고 있다. 거기다가 좋은 커피까지 있으니 이 얼마나 행복한가. 열심히 돌아다니면서 맛보고 음미해야겠다.

테라로사 사장님은 커피에 미친 사람이다. 미치지 않고서는 수십억 빚더미에서 이렇게 맛있는 커피를 탄생시키기 힘들었을 것이다. 존경스럽다. 무언가 일가를 이루려면 최소 한 분야에서 15년에서 20년 정도는 한 우물을 파야 성공하는 듯싶다. 조용헌 교수 말처럼 내 어깨 위에 커다란 해머 하나 걸쳐 메고 다닐 정도가 돼야 다른 수많은 경쟁자들에게 밀리지 않는 현실이다. 열심히 각 분야에서 내공을 쌓고 실력을 키워야 될 것이다.

이번 여행은 한 곳에 머무르면서 그 지역을 자세하게 둘러보고 맛볼 수 있어 더욱 좋았던 것 같다. 이제 막 시작한 커피 초보자에게 솔과 바다, 그리고 커피향이 어우러진 강릉은 최고의 도시가 되기에 충분했다. 한 잔의 커피를 마신다는 것은 수많은 사람들의 인생을 마시는 것과 다름없다. 단지 기호식품이 아닌, 때로는 도를 깨우치는 일이기도 하다. 커피콩 한 알이 우주를 품고 있다고 생각하며 강릉을 찾아보자. 한 모금의 커피가 인생의 깊은 의미로 다가올 것이다.

09
강릉 커피하우스
보헤미안

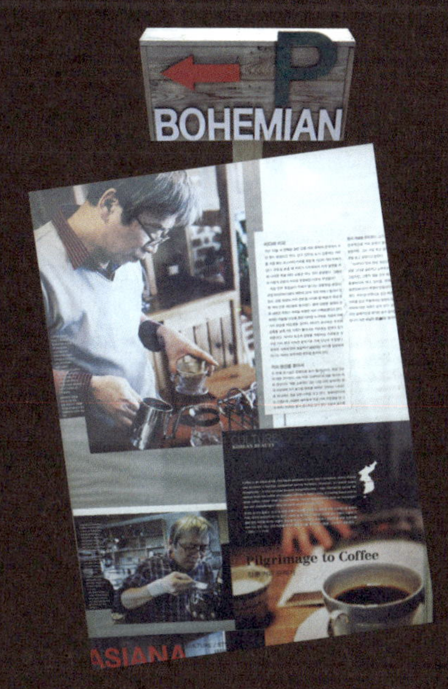

커피 하면 보헤미안의 박이추 선생이 떠오른다. 실력을 이야기하는 것이 아니다. 커피에 대한 사랑을 말함이다. 100년 만에 폭설이 영동을 강타했을 때 보헤미안을 찾았다. 월요일, 화요일, 수요일은 휴무이기 때문에 방문하려는 사람들은 요일을 잘 체크해서 떠나야 될 것이다. 서두에 이렇게 강조를 하는 이유가 있다. 내가 두 번이나 허탕을 치고 세 번째 만에 선생님의 커피를 마셨기 때문이다.

강릉은 커피의 고장이다. 테라로사의 김용덕 사장과 더불어 강릉 커피 부흥을 이끈 사람이 주문진의 박이추 선생이라 할 수 있다. 누가 더 센지에 대한 평가는 보류하고자 한다. 두 분 다 커피에 대한 사랑과 열정이 그 누구보다도 크기에.

좁은 길에 자리한 보헤미안은 언뜻 보면 소박한 펜션 같은 건물이다. 길옆의 소나무가 영락없는 박이추 선생이다. 커피 외길을 걸어온 선생님의 모습을 보는 듯하다. 누가 뭐래도 저 고고한 소나무처럼 나의 길을 가련다 하면서 묵묵하게 걸어온 커피 인생 아니었겠는가. 참으로 절묘한 장소에 카페를 차린 듯하다. 솔직히 보헤미안에 오면서 걱정을 많이 했다. 커피업계에서 워낙 유명한 분이라 혹

** 강릉 **보헤미안**
주소 강원도 강릉시 연곡면
홍질목길 55-11
전화 033-662-5365*

강릉

내가 기대했던 것보다 실망하면 어떡하지, 이런 걱정 말이다. 결론부터 말하자면 그러한 기우를 말끔히 씻어준 기분 좋은 만남이었다. 무엇보다도 손수 커피를 내려준 선생님의 정성과 손님을 실망시킬 수 없다는 그 장인정신에 푹 빠질 수밖에 없었다. 2층으로 올라가는 중간중간에 커피 관련 기사들이 붙어있다. 문을 열고 들어가니 오전 시간임에도 대여섯 테이블이 차 있다. 2층에서 바라보는 동해가 아득하다. 나는 스트롱 믹스, 아내는 하와이 코나 마우이를 시켰다. 이름부터가 심상치 않다. 스트롱 믹스라. 아마존 폭포 같은 맛이라고 적혀있다. 속으로 웃는다. 그래, 절묘한 표현이네. 깔끔한 쓴맛을 좋아하는 나로서는 선택의 여지가 없었다. 박이추 선생은 지금도 모든 커피를 손수 내린다. 그 열정과 치열함, 고집과 장인정신은 뭐라고 해야 할까. 그분의 커피를 마신다는 것은……맛을 떠나 그의 인생철학을 배우려는 행위와도 같다.

어떻게 드립하는 지가 궁금해서 추출하는 쪽으로 자꾸 시선이 갔다. 드립이 마치 공연 같다. 5분짜리 짧은 공연이지만 이 세상 그 어떤 공연 못지않게 강렬했다. 그는 흔하게 쓰는 주전자가 아닌, 어려서 많이 봐왔던 막걸리 주전자 같은 큰 포터를 사용하신다. 드립 중간중간에 탁탁 치는 소리가 마치 선원의 죽비 소리 같다. 허투루 드립하지 말라는 듯, 커피 제대로 배우라는 듯, 커다란 울림으로 들렸다.

박이추 선생의 커피를 마신다. 그럼 그렇지, 이 정도는 돼야지! 온 보람이 있다. 생각했던 것보다 아주 강한 쓴맛은 아니었다. 처음은 쓰지만 뒷맛은 아주 깔끔한 커피였다. 아내도 상당히 만족해한다. 사이드 메뉴로 나온 찐 달걀 하나, 두툼한 토스트는 심플하지만 바삭하니 맛있다. 이러한 것이야말로 일상에서 느끼는 소소한 행복이다.

혹자는 말할 것이다. 솔직히 웬만한 커피하우스에

서도 맛볼 수 있는 커피 맛이 아니냐고. 물론 맞는 말일 수도 있다. 하지만 나에게는 정말로 특별한 맛이었다. 어찌 이러한 행복감이 맛에서만 오는 것이겠는가. 오감이 다 작동돼서 만족감을 느끼는 것이겠지.

로스팅 룸도 살짝 들여다봤다. 아주 오래된 럭키브랜드의 로스팅 기계로, 거의 골동품 수준이다. 여전히 분주하게 로스팅 룸과 드립 룸을 왔다 갔다 하는 선생님. 탁탁 주전자 치는 소리와 휴이하는 소리가 번갈아 가며 들린다. 해녀의 숨비소리처럼 노동의 가치를 소리로 일깨워주는 정말로 인간문화재급 소리가 아닌가 싶다.

맛있는 커피를 마시고 1층 마당으로 내려왔다. 솔직히 이것저것 물어보고 싶은 마음이 굴뚝같았지만 참았다. 아니 굳이 묻지 않아도 알 것 같았다. 아이들이 눈사람을 만드느라 시간이 지체되는 사이에 선생님이 잠깐 내려왔다. 기회다 싶어 저 소나무가 선생님을 닮았다고 했더니 옆집 아저씨 같은 포근한 웃음으로 답하신다. 외려 이것저것 자상하게 물어본다. 어디 사냐고, 아이들 데리고 스키장에를 가지 왜 이런 데 왔냐고 걱정해 주신다.

대한민국 바리스타 1세대, 박이추 선생님. 나도 모르게 선생님이라 부르고 있다. 그의 커피를 마시고 나서 그러한 존경심이 더더욱 커진 듯하다. 아무리 훌륭한 카페라고 해도 인간적인 매력이 없으면 최상의 카페라고 치지 않는다. 맛도 맛이지만 인간적인 교감이 없을 때엔 왠지 허전함만 남을 뿐이다. 모든 사람들이 이러한 느낌을 가지고 떠나지는 않았겠지만 그래도 수많은 사람들이 보헤미안에 와서 힐링을 하고 돌아갔을 것이다.

선생님의 두툼한 손을 잡아본다. 오른쪽 손목에 압박붕대가 감겨져 있다. 안쓰럽고 다시 한 번 고맙다. 부디 건강하시길, 많은 사람에게 이러한 행복을 오래도록 충전해 주시길 기원해 본다.

인간과 자연의 공존을 꿈꾸는
광주 여행

광주 하면 무엇이 떠오르는가? 민주화운동, 무등산 수박, 비엔날레 등. 이 범주에서 크게 벗어나진 않는다. 참, 개인적으로는 군대 동기들끼리 갔던 충장로 근처의 백반집, 그리고 고등학교 때 광주터미널 근처에서 봤던 영화 〈터미네이터〉가 생각난다. 그 외에 더 이상은 없다.

어떤 콘셉트로 광주 이야기를 풀어갈까. 정치가도 아닌데 광주의 민주화운동에 대해서 쓰기도 민망하고, 그렇다고 그들의 한에 대해서 모른 체하자니 미안하고 참 어렵다. 하지만 이번 여행을 다녀오고 나서 어렴풋하게나마 광주의 진가가 무엇인지 알게 됐다. 답은 늘 현장에 있다. 발로 밟아보고 느껴봐야지 그 진가를 알 수 있는 것이다. 광주의 답은 무등에 있었다.

이번 여행은 무등산 증심사, 의재미술관, 무등산 권역의 소쇄원까지 다녀오는 일정이었다. 소쇄원이야 여행으로 밥 벌어먹는 사람으로서 수도 없이 다녀왔지만 미안하게도 증심사와 의재미술관은 이번이 처음이었다. 또한 여러 사람이 동행한 여행이기도 했다. 시골에 계신 연로하신 어머니, 그리고 곧 제대할 우리 집 장조카,

무등산국립공원
30

여기에 광주에서 열심히 살고 있는 25년 지기 군대 동기 남현이까지. 조합이 이상하기는 했지만 그 어떤 여행보다 행복하고 소중한 여정이 아니었나 싶다.

어머니는 뇌경색으로 쓰러진 뒤 멀리 여행을 떠나지 못하셨다. 그래서 막둥이가 어디만 모시고 가면 어린아이처럼 좋아하신다. 이런저런 이야기를 하면서 광주 무등산 입구에 도착했다. 무등산은 우리나라의 21번째 국립공원으로 승격이 됐다. 높이 1,186m, 삼존석, 규봉의 법화대, 설법대, 능엄대, 의상봉, 비로봉, 반야봉 등 이름만 들어도 불교와 깊은 인연이 있는 산임을 알 수 있다.

이름에 관련해서는 불교의 무유등등(無有等等), 부처님은 가장 높은 자리에 있어서 견줄 이가 없다는 뜻과 아무 등급 없이 무등한 세상을 꿈꿔서 지어졌다는 의견도 있다. 광주 시민의 무한한 사랑을 받고 있는 무등산은 보통 원효사 계곡에서 시작해서 원효사를 거쳐 입석대, 서석대, 중머리재로해서 증심사로 내려오는 코스를 택하든가, 아니면 증심사 입구에서 그 반대 방향으로 산행을 하는 사람들도 많다. 가을철이면 중머리재 억새가 아름다워 더욱 많은 사람들이 찾는다.

　일요일 아침부터 가을 산을 찾는 이들이 많다. 조카는 어머니와 함께 증심사 주차장까지 가고 친구와 나는 걸어서 가기로 했다. 어머니도 함께 걸었으면 좋으련만 이제는 다리 힘이 없으셔서 조금만 걸어도 버거워하신다. 그래도 조카가 있어서 다행이다. 친구와 오랜만에 이런저런 이야기를 하면서 증심사로 향한다. 인생이라는 긴 여행에서 이렇게 좋은 도반이 있다는 게 얼마나 행복한 일인지 모른다. 스무 살부터 지금까지 얼굴 한번 찌푸리지 않고, 화 한번 낸 적도 없이 우정을 지켜온 친구이다. 살아있는 보살이 따로 없다. 그래서 나는 늘 이 친구를 볼 때면 미안하고 부

끄럽다는 생각을 한다. 좀 더 잘해야지 생각하며 더 베풀려고 노력한다. 이러한 친구와 함께 하는 여행이니 발걸음이 가볍지 않겠는가.

그간 있었던 이야기며 광주와 무등산에 대한 이야기를 하다 보니 금세 증심사 일주문이 보인다. 친구 말로는 광주는 젊은 사람들이 산을 많이 찾는다고 한다. 그러고 보니 유독 젊은 사람들이 많다. 연인서부터 젊은 남자까지, 거기에 가족 단위로 산행하는 사람들 또한 많다. 서울 북한산을 찾을 때의 분위기하고는 확연하게 다르다. 젊은 사람이 많아서 활기찬 걸까? 나도 그 생동감에 전염이 된 듯 기분이 업 돼서 괜히 좋았다.

서울 근교 산에도 이렇게 젊은 사람이 넘쳐나고 가족 단위 산행객들이 많았으면 좋겠단 생각을 해 본다. 공부하느라 학원 가느라 뭐가 그리 바쁜지 아이들과 산행하는 사람을 별로 본 적이 없다. 그러한 생각을 하고 나서부터 사람들이 달라 보이기 시작했다. 놀 거리가 없어서 산으로 오는 걸까, 아니면 어려서부터 부모님과 산에 다니기 시작했기에 청년이 돼서도 저렇게 산에 오르는 걸까. 어찌 됐든 부러운 광경이다. 사람이 꽃보다, 형형색색 단풍보다 아름답다는 걸 실감했다.

어머니께서 취백루 앞 화단에 조카와 앉아 계신다. 분명 본전 뜰까지는 못 가시겠지만 그 자리에 앉아 우리 팔 남매 잘 되게 해 달라고 정성으로 비셨을 것이다. 멀리서 어머니를 불러본다. 고개를 들어 막내아들을 쳐다보시는 어머니. 많이 늙으셨다. 취백루를 받치고 있는 저 늙은 느티나무처럼 자식들을 위해서 그 약하디약한 어깨를 받치고 계셨던 어머니. 이제 그리할 날도 머지않았다고 생각하니 괜히 눈물이 났다. 친구가 있어서 애써 눈길을 돌린다. 못난 자식들 때문에 고생만

하시더니 이제는 본전 뜰에도 올라가지 못하시고 사천왕문까지만 겨우 오셔서 앉아 계시는구나. 죄송한 마음이 든다. 앞으로 더욱 많이 모시고 여행을 다녀야겠다.

원효사 반대편에 있는 증심사는 대한불교 조계종 제21교구 송광사에 속한 사찰이다. 신라 680년 철감선사 도윤이 창건했으며, 고려시대(1094)에 혜조국사가 중창했다. 정유재란 때 소실된 것을 1609년(광해군 1년)에 네 번째 중창을 해서 오늘에 이르고 있다. 가파른 경사에 자리 잡은 사찰이다 보니 부석사와 마찬가지로 축대가 인상적이다. 특히 취백루를 짓기 위해 성벽처럼 높은 축대가 관광객들의 시선을 끈다. 거기에 수많은 돌들과 함께 취백루를 받치고 있는 느티나무는 증심사의 포인트가 아닌가 싶다.

그러한 취백루에서 바라보는 가을색이 참으로 아름답다. 차도 한잔 마실 수 있는 공간이어서 증심사에서 가장 사랑받는 공간이기도 하다. 취백루 앞으로는 본전 뜰이다. 공간이 넓지 않아 행원당과 적묵당이 좌우로 좁게 자리를 잡았다. 대웅전 옆으로 통일신라시대 석탑도 눈 여겨봐야 될 유산이다. 탑은 크지 않지만 7층 석탑이다. '옴 마니 반메 훔'이라는 산스크리트어가 새겨진 이색적인 탑이다.

하지만 나를 사로잡은 건축물은 따로 있었다. 공간이 없었는지 90도 비탈에 받

침대를 세우고 만든 한 칸짜리 산신각이다. 한 칸짜리 맞배지붕을 한 건물. 누구의 아이디어였을까? 공간이 부족하면 손을 대서라도 공간을 넓혀 건물을 앉혔을 법도 한데, 이 건축가는 자연을 그대로 두고 건물의 크기를 단순화 시켜서 산신각을 만들었다. 누구인지는 모르겠지만 자연을 배려한 그의 마음에 고개를 숙일 따름이다. 너무도 쉽게 자르고 뚫어 버리는 일부 건축가에게 경종이 될 만한 건축물이 아닌가 싶다. 이것이야말로 인간과 자연의 공존, 그리고 불교와 산신의 공존이 아니고 무엇이겠는가.

취백루 아래에서 조카가 빼준 자판기 커피를 어머니와 함께 마신다. 달달한 어머니표 커피와 닮아 이 세상에서 가장 맛나다. 그것도 가을이 깊어가는 산중에 앉아서 마시니 더없이 좋다. 내가 처음 커피를 접한 건 어머니 때문이었다. 고창 시골마을이었지만 지금 생각해 보면 어머니는 꽤 신식이었던 것 같다. 초등학교 가기 전부터 어머니가 마시는 커피를 맛봤다. 그때야 커피 빼고 하얀 프림만 타서 달달하게 우유처럼 마셨는데, 어찌나 맛있던지! 프림만 한 숟갈씩 먹어도 정말로 맛있었다. 어머니께서는 프림이 줄어들면 막둥이가 프림을 또 다 먹는구나 하셨다.

어머니는 커피를 좋아했다. 지금이야 머그컵이 흔하디흔

하지만 어머니는 그 시절에도 커다란 머그컵에 커피를 드셨다. 시골 분들은 그렇게 큰 컵에 드신다고 뭐라 했지만 어머니는 개의치 않았다. 그래서 지금도 추억의 집 같은 데서 그 오래된 동서 커피 통이나 맥스웰 프림 통을 보면 어머니가 생각난다. 그렇게 시작된 나의 커피 사랑이 이제는 아메리카노, 예가체프, 게이샤 커피를 찾고 있으니 세월이 빠름뿐만 아니라 먹고사는 문제가 이렇게 발달된 것에 새삼 놀라울 따름이다.

어머니는 다시 차를 타고 내려가시고, 친구와 나는 왔던 길로 슬슬 내려갔다. 일주문에서 조금만 내려오면 오른쪽으로 의재미술관 간판이 보인다. 입구 쪽으로 들어가려는데, 건물 앞으로 빨갛게 물든 단풍이 너무도 고와서 걸음을 멈추고 사진을 찍는다. 사람과 미술관, 그리고 자연이 어우러진 풍경 속에서 그야말로 숨이 멎을 듯했다. 자연 속에 그대로 얹혀 있는 의재미술관. 누구의 솜씨일까, 어떻게 있는 듯 없는 듯 저렇게 건축을 했을까? 건축은 프레임으로 존재하며 자연을 적극적으로 매개하는 수단일 뿐이라는 건축가 승효상의 표현을 보여주는 감동적인 공간이다.

탁월한 안목에 감탄하면서 미술관 안으로 들어간다. '9월에 매화'전이 열리고 있었다. 창가 쪽으로 진열된 와인병과 잔들은 창밖의 단풍과 어우러져 한 폭의 그림

이 따로 없다. 저러한 작품이 있거늘 안의 전시물이 무에 그리 대수겠는가. 기대하지 않았는데 참으로 멋진 풍경을 본 것 같아 기뻤다. 친구는 무등산에 자주 와 봤지만 미술관은 처음 들어와 봤다고 했다. 산행하는 사람들은 그냥 지나치기 쉬운 곳이다. 하지만 의재 허백련 선생에 대해서 한 번이라도 들어본 사람이라면, 아니 그림에 조금이라도 관심이 있는 사람이라면 절대 빠트리지 않고 찾는 성지 같은 곳이다. 특히 추사를 사랑하고 소치 허련을 아끼는 이라면 말이다.

전라남도 광주를 예향의 고장이라고 말하는 이유가 있다. 진도나 목포, 광주에 가면 웬만한 가정집에서 한국화 한 폭 정도는 쉽게 볼 수가 있다. 전주도 예향이라고 말하기는 하나 사실 그림이 좀 빠지기 때문에 광주를 더 쳐주는 경향이 있다. 광주 비엔날레가 그냥 생긴 것이 아닌 것이다. 그 뿌리를 좀 더 알아보면 우리는 추사 김정희와 그의 제자 소치 허련(허유)을 발견할 수 있다. 그들이 있었기에 지금의 예향 광주가 있다고 해도 과언이 아니다.

추사 김정희, 그가 누구이던가. 조선시대 그림이면 그림, 글씨면 글씨, 문장이면 문장, 어느 것 하나 빠지지 않는 천재 지식인이었다. 이러한 추사에게 시골뜨기 소치가 찾아갔다. 고고하기 짝이 없던 추사는 소치의 재능을 알아보고 그의 문하에 들여 가장 아끼는 제자로 키운다. 소치는 그 밑에서 그림과 글씨를 배웠다. 스승이 제주로 유배를 갔을 때는 그 많은 제자 중 이상적과 소치만이 제주도까지 내려가 시중을 들었고, 못다 한 배움까지 청했을 만큼 정이 깊은 사람이었다. 이 얼마나 아름다운 사제지간의 정인가. 그 당시 제주는 목숨을 걸고 가야만 하는 통한의 섬이었는데 말이다. 목숨까지도 스승을 위해 내건 소치의 정신을 높이 사야 될 것이다.

소치의 후손 중 2대, 3대, 4대에 걸쳐 유명한 화가가 태어났다. 우선 직계손자인 남농 허건이 목포에서 평생 그림을 그리면서 보냈고, 이곳 광주 무등산 자락에서는 의재 허백련 선생이 그림을 그렸다. 의재야 직계는 아니었지만 양천 허 씨의 예술적 유전자가 깊이 박혀 있었던 것이다. 남농이든 의재든 모두 다 이 지방 사람들뿐만 아니라 타지 사람들에게도 존경받는 인물이다. 자연과 인간을 사랑한 정신이 없었다면 그들도 한낱 그림을 잘 그리는 화가로만 기억됐을지도 모른다. 하지만 그들은 달랐다. 그것이 예술적 경지에서뿐만 아니라 인간적인 면에서도 후대들의 존경을 받을 만한 업적을 세운 이유일 것이다.

최근 '한국 근현대 회화 100선'전이 열렸던 덕수궁 미술관에서 두 거목의 그림을 볼 수 있었다. 어찌나 반갑고 존경심이 일던지 딸아이에게 그들의 작품세계에 대해서 열심히 설명해 줬던 기억이 난다.

의재미술관에서 허백련 선생의 체취를 느낀다. 선생이 썼던 붓이며 찻잔을 관람한다. 지하에서 바라보는 바깥풍경이 이색적이다. 가 보지는 못했지만 일본 나오시마 섬에 있다는 지중미술관이 떠오른다. 어쩌면 이렇게 지하에서 하늘을 볼 수 있게 했을까. 다시 한 번 건축가의 안목에 감탄한다.

어머니가 기다리셔서 춘설헌까지는 가지 못했다. 허백련 선생은 추사 김정희나 소치 허련처럼 우리 차를 무척이나 사랑하셨던 분이다. 그래서 그의 사상이 그대로 묻어나는 춘설헌은 꼭 들러야 하는 코스이기도 하다. 차 마시는 자 흥하고, 술 마시는 자 망하리라는 말이 있지 않던가. 술 좋아하는 사람들에게는 미안한 이야기이지만 이 시대를 살아가는 사람들에게 명구(名句)가 아닌가 싶다. 술이 흔하고, 또한 너무 과하게 마시면 나라가 위태롭다. 따라서 커피를 마시고, 차를 마시는 문화가 중요한 것이다.

하늘과 땅, 그리고 사람을 사랑했던 의재 허백련 선생은 무등산만큼이나 광주 사람들에게 큰 어른으로 기억되고 있다. 그가 평생을 나침반으로 삼으신 삼애사상(三愛思想)을 되새겨 보며 관람을 마쳤다. "어이! 자네 덕에 이렇게 좋은 곳을 처음 들어와 봤네." 친구가 아이들하고 꼭 한번 다시 와야겠다고 이야기한다. 흐뭇했다. 미술관에서 주차장까지 내려오는 내내 행복했다. 그러한 훌륭한 큰 어른을 모시고 있는 광주 사람들이 부러웠다. 비록 전국의 광역시와 비교했을 때 생산 능력도 떨어지고, 잘살지는 못하지만 정신적 자부심만큼은 그 어떤 도시에도 뒤지지 않는 광주. 이러한 큰 어른들이 있었기에 가능하지 않았나 싶다.

기분 좋게 내려오는데 무등산 수박 빵이 눈에 들어왔다. 말로만 듣던 무등산 수박으로 만든 빵이란다. 친구 하나, 나 하나, 두 개를 샀다. 상큼한 수박향이 나는 소가 색다르다. 귀한 무등산 수박의 진액을 맛보라며 관광객에게 권한다. 맛있다. 크기가 아이들만 하다는 무등산 수박을 제대로 본 적이 없다. 그만큼 수량이 적어 일반인들에게는 귀한 것이다.

우리는 다시 충장사 방향의 소쇄원으로 차를 몰았다. 무등산 자락을 넘어가는 이 길은 가을에 찾아야 제격이다. 길 양옆으로 심어 놓은 단풍나무가 내장사 저리 가라다. 꼭 내리지 않아도 단풍을 실컷 감상할 수 있어 가을 드라이브 코스로는 이 근방에서 최고가 아닌가 싶다. 가을을 만끽하며

고개를 넘고 충장사를 지나자 소쇄원 주차장이 나왔다.

　여기는 담양 땅이다. 무등산 원효계곡을 따라 수많은 정자와 원림이 자리한 가사문화권에 온 것이다. 일찍이 계산풍류가 발달한 곳으로 조선시대 수많은 시인묵객들이 자연을 찬미하고, 시대를 아파하고, 또한 문학을 토론했던 지성의 산실인 곳이다. 그중에 소쇄원은 송순의 면앙정과 더불어 가장 중심이 되는 아지트가 아니었나 싶다.

　소쇄원에 갈 때마다 사람이 별로 없기를 바란다. 그 기대에 부응하여 일요인데도 사람이 그리 많지 않다. 친구는 이곳에는 와 본 적이 있다고 했다. 하지만 더울 때 와서 아이들이 짜증만 내고 갔다는 푸념도 이어졌다. 소쇄원은 사전 배경지식 없이 방문했다가는 그냥 평범한 관광지와 다를 바 없는 밋밋한 여행지이다. 하지만 설명을 들으면서 보거나 사전에 공부를 하고 가면 훨씬 많은 것들이 보이고, 문화재 이면의 것도 볼 수 있는 통찰의 힘이 생긴다. 그렇다. 소쇄원은 공부하고 봐야 되는 여행지인 것이다.

　내가 아는 지식 선에서 친구에게 열심히 설명을 해 가며 소쇄원을 즐겼다. 이렇게 많은 뜻이 있었냐면서 친구가 좋아한다. 이런 게 바로 지적 감동이 아니고 무엇

이겠는가. 감상적 감동만이 감동인 것은 아니다. 우리는 무수한 감동을 맛보면서 살아가지만 지적 감동 또한 삶을 살아가는 데 있어 커다란 기쁨이다. 약간은 이성적 감동에 속하지만 이러한 감동에 익숙해지면 이 또한 큰 행복이 아닐 수 없다. 공자는 일찍이 배움의 기쁨을 이야기하지 않았던가. 어느 정도 공부를 하면서 떠나는 여행도 참으로 가치 있지 않나 싶다.

소쇄, 제월, 광풍. 참으로 멋진 이름이다. 이러한 이름의 뜻만 제대로 파악해도 소쇄원의 50%는 먹고 들어갈 수 있다. 비 오고 난 뒤에 부는 그 청량한 바람, 그것이 바로 소쇄이다. 제월은 비 갠 뒤 밤이 오고 휘영청 밝은 달을, 광풍은 비 갠 뒤 불어오는 시원한 바람이다. 소쇄원에 가면 오감을 다 열고 둘러봐야 된다. 사각거리는 대나무 숲의 소리, 어둑어둑 초입의 대숲을 지나면 일순 밝아지는 대봉대 애월담의 명(明), 그리고 광풍각의 높이와 제월당의 높이를 다르게 해서 시각과 청각의 레벨을 다르게 한 양산보의 탁월한 건축적 안목까지. 눈뿐만 아니라 청각까지도 고려한 건축학적 탁견에 감탄, 또 감탄할 뿐이다. 애월담 꺾어지는 담장은 또 어떠한가! 계곡 위로 담을 쌓은 그 천연스러움이야말로 소쇄원의 가장 큰 보물이기도 하다.

소쇄원을 볼 때마다 옛 선비들의 성찰의 깊이를 존경하게 된다. 자연과 인간의 공존은 여기에서도 발견할 수 있다. 그렇다. 이번 여행의 콘셉트는 공존이다. 모두가 함께 사는 것. 인간과 인간, 인간과 자연, 하늘과 땅, 이 모든 것이 공존해야 지속 가능한 것이다.

친구와 함께 사진도 찍고 이런저런 이야기를 하면서 소쇄원을 둘러봤다. 시를 잘 쓰는 능력이 있다면 하서 김인후처럼 소쇄원을 노래했겠지만 그냥 이것만으로도 족하다. 특히 소중한 친구와 함께 한 여행이어서 더욱 그랬지 않나 싶다. 점심을 맛나게 먹고 친구와 헤어졌다. 늘 어머니께 가져다 드리라며 곰표 밀가루를 한 부대씩 주던 친구 남현이. 울 어머니는 언제 또다시 밀가루 친구를 볼 수 있을지 모르겠다며 아쉬워하신다. 당신의 마지막을 생각하시는 것인지 밀가루를 주던 아들의 친구에게 고마움을 전하는 것이다. 이제는 친구와 헤어져야 할 시간이다. 고맙네, 친구! 친구의 그 마음이야말로 의재의 삼애사상과 남농의 인간사랑 아니겠는가. 속 깊은 친구가 먼저 가라고 우리를 배웅한다. 친구와 노란 식영정 앞 은행나무가 오버랩되면서 시야에서 멀어진다.

10
광주 커피하우스
의재미술관

우 선 커피나 차와 같은 기호식품에 관한 이야기를 해야 될 듯하다. 사무실 내 책상 옆에 수동으로 갈아서 드립해 마실 수 있는 커피 도구가 준비돼 있다. 손님들이 오면 대개는 커피를 제공하지만 가끔은 직접 차를 달여서 대접할 때도 있다. 고창 선운사 우롱스님이 재배한 녹차로 만든 반 발효차다. 곰곰이 생각해 보면 나는 분명 차보다 커피를 더 선호한다. 하지만 가끔 마시는 차의 느낌은 커피하고는 또 다르다.

우리가 흔히 접하는 차와 커피는 많은 사람들에게 사랑받는 기호식품이다. 전 세계적으로 음료에 있어서 이렇게 경쟁적인 관계도 드물다. 녹차나 발효차는 많은 사람들이 생각하는 것처럼 지극히 동양적이다. 우선 딴 잎을 찌거나 덖는다. 쪄서 내면 약간 비릿한 녹차가 되는 것이고, 전통의 방법으로 찻잎을 볶고 덖으면 전통의 우리 자생차가 된다. 중국인들은 찻잎을 일정 기간 발효시키는 발효차를 선호하는 편이다.

여기서 직접 차를 다관에 넣고 우려 본 사람은 잘 알 것이다. 차는 커피처럼 분쇄의 과정이 없기 때문에 강렬한 향을 음미하기가 쉽지 않다. 하지만 뜨거운 물로 한두 번 우려내면 원래 잎이 가지고 있던 향을 은은하게 선사한다. 바짝 몸을 웅크리

고 있던 잎사귀들이 따뜻한 물에 수줍은 듯 몸을 풀기 시작한다. 이때 녹차는 연청빛으로, 발효차는 연노랑빛으로 다시 태어난다. 그러한 색깔만 보면 커피의 그 까만빛보다는 훨씬 감성적이지 않나 싶다. 그래서 차는 커피에 비해서 먹는 과정까지가 훨씬 자연친화적이다. 생두를 뜨거운 불에 볶고, 그라인더로 산산이 부수어 에스프레소 기계로 압력을 가해야 한 잔의 커피가 나오는 것을 생각해 보면 더더욱 그렇다.

그래도 나는 커피를 더 사랑하는 사람이다. 그 까만색도 멋지게만 보인다. 뭔가에 빠진다는 것은 바로 이런 것이 아닌가 싶다. 아침 일찍 출근하는 날이면 가끔씩 커피를 드립해 마신다. 처음 커피에 빠지게 되면 커피의 많은 과정을 배우고 싶어 안달이 난다. 나 또한 아카데미에서 3개월간 바리스타 과정을 배우고 전국의 유명한 카페를 찾아다녔다. 그런 단계가 지나며 직접 드립과 로스팅을 해

보고 싶은 욕구가 생기게 마련이다.

책에서 봤던 커피 드립 기구를 남대문시장에서 샀다. 사 보지 않은 사람들은 그 설렘을 잘 모를 것이다. 칼리타 드리퍼, 칼리타 핸드밀, 서버, 여과지, 드립 주전자 등 커피 추출에 필요한 기구를 산 후 다음날 아침 일찍 사무실에서 내렸다. 처음으로 내린 커피 치고는 그런대로 괜찮았지만 무언가 많이 아쉬웠던 기억이 있다. 그래도 수동 분쇄기에 원두를 넣고 처음 갈았을 때의 그 감동이란! 마치 첫사랑을 닮은 향기라 표현할 수 있다.

커피는 여러 단계에서 우리에게 향기를 선사한다. 보통은 막 내린 뜨거운 커피를 마시면서 커피향을 음미하게 된다. 하지만 커피를 직접 갈아보면 핸드밀로 분쇄할 때 가장 강한 향이 우리의 오감을 자극한다는 것을 알게 된다. 그때야말로 커피가 그 존재를 가장 강하게 어필하는 순간이 아닐까 싶다. 그래서 초보자에게 첫 드립한 커피의 많은 결코

중요하지가 않다. 분쇄할 때 나는 그 향에 이미 흠뻑 빠져버리기 때문이다.

광주는 커피보다는 차가 우선인 도시인 듯싶다. 빛고을 광주에 커피와 관련된 자료를 찾으며 얻은 결론이다. 커피 공부를 하다 보니까 이쪽 분야에서 유명한 사람이나 전국적으로 이름난 카페가 강원도, 경상도, 그리고 서울에 치우쳐 있다는 것을 알게 됐다. 그러니까 국토로 치면 동쪽에 명인들이 많이 있는 것이다. 하기야 서울은 서쪽이네. 어쨌든 충청도나 전라도가 가장 빈약한 것이 사실이다. 그 이유를 나름대로 곰곰이 생각해 봤지만 딱히 답은 나오지 않는다. 전라도, 충청도 사람들이 커피를 싫어하는 걸까. 아니면 커피보다는 녹차나 발효차 같은 우리 전통차에 더욱 관심이 많은 걸까. 친구와 증심사에서 자판기 커피를 마시고 내려오는 길에 의재미술관에 들러서 이번에는 차를 한잔 마셨다. 차는 의재 허백련 선생이 평생에 좋아했던 음료이다. 통 창으로 된 창가에 앉아 기다리자 이곳에서 재배된 녹차가 나왔다. 언제부턴가 녹차의 비릿한 맛이 싫어져서 반 발효차나 전통 덖음차를 선호하게 됐다. 구수한 숭늉 맛이 나는 자생차가 좋기는 하지만 구하기도 쉽지 않고 높은 가격 때문에 늘 마시기란 어려운 일이다.

예쁜 찻잔에 내온 녹차 색깔이 예쁘다. 찻잎이 뜨거운 물에 닿자 무장해제되었다. 우리 또한 창밖의 단풍 풍경에 마음을 활짝 열었다. 차란 모든 감각 기관으로 마시는 것이다. 특히 창밖으로 보이는 멋진 풍경과 함께 마시니 더욱 더 시적인 음료가 아닌가 싶었다. 코카콜라를 마시는데 눈이 시리도록 아름다운 가을 풍경이 보인다고 한들 그 감동이 훨씬 덜하지 않겠는가. 의재미술관 카페에서 마시는 차는 자연을 함께 마시는 곳이다. 조용한 산사의 풍경 소리가 들리는 듯 가을이 한창인 창밖이 친구와 마주한 찻잔과 퍽이나 잘 어울렸다.

한국의 미를 찾아 떠나는
전주 여행

가끔 우리나라의 자랑이 뭔가를 생각해 본다. 대한민국은 단기간에 놀라울 정도로 빠르게 성장했다. 수많은 후진국들이 부러워하고 있다. 그렇다면 분명 우리에게는 뭔가가 있다는 것인데, 과연 그것이 뭘까? 타고난 지적 능력과 근면함, 뭔가에 열정적으로 빠지는 신명, 악착같이 공부를 시켰던 부모 세대들의 노력 등. 열거하기 힘들 정도로 수없이 많은 요인들이 있겠지만 내 생각에는 역사의 반복이 아닌가 싶다.

조선 후기로 오면서 나라가 망가져서 그렇지 우리나라는 수천 년 전부터 우수한 민족적 자질을 가지고 있었던 나라이다. 세계 최고 문명국가였던 중국의 문화를 적극적으로 받아들이고, 우리의 것으로 충분히 소화하기까지 했다. 우리만의 독창성으

로 중국에 역수출을 하며 그것을 써 본 중국인들조차 우리를 인정하게 된 것이다.

잠깐 잊었던 한을 다시 찾으려고 정부 차원뿐만 아니라 민간에서도 부단히 애쓰고 있다. 일제강점기를 거치면서 수많은 왜곡과 역사의 부침이 있었지만 이 정도면 나름대로 잘 유지해 왔다고 생각한다. 하지만 깊이 들어가 보면 일제 치하에서 심각하게 왜곡된 분야가 많다. 거기다가 근대 들어 경제개발 5개년 계획을 내세워 압축성장을 하는 과정에서 우리 것은 고루한 것, 후진적인 것이라 치부하며 부서뜨렸다. 이제 와서 후회한들 소용없지만 지금부터가 중요하다. 정신 바짝 차리고 우리의 것을 지키며 잘못된 것은 바로잡아야 할 것이다.

우리의 핸드폰을 보면서 대한민국의 저력을 다시 한 번 생각한다. 엄벙덤벙 세계 일류 제품이 나온 것이 아니다. 역사를 되돌아봐도 우리는 세계적으로 초일류 상품을 많이 가지고 있다. 또한 그것으로 번영을 누리기도 했던 민족이기도 하다. 거북선으로 상징되는 조선술, 한글, 직지, 닥종이, 상감청자만 봐도 수긍이 갈 것이다. 적극적으로 개혁을 하면서 끊임없이 백성을 생각하던 시절에는 세계 최고의 문명권에서 번성했던 시기가 있다. 그래서 역사의 반복을 이야기하는 것이다. 더욱 자신감을 가지고 우리의 것을 발굴하여 끊어진 전통을 이어가려고 노력할 때, 더욱 강성하고 잘 사는 한민족이 되지 않을까 생각한다.

그렇다면 그러한 한류를 이끌만한 소중한 우리의 것에는 무엇이 있단 말인가? 전주에 가 보면 그 답이 나온다. 전주에서는 한옥, 한식, 한지, 판소리, 전통 부채 등 한국적인 요소 중에서도 대표적인 것들을 만날 수 있다. 전국 그 어디를 가 보아도 이보다 많이 한국적인 것을 가지고 있는 도시는 없다. 그 정도로 전주는 우리의

것을 많이 가지고 있다.

전주에 갈 때마다 관광객이 점점 더 많아지고 있음을 느낀다. 2003년 이후 전주한옥마을의 방문객 수가 열 배 이상 늘었다고 한다. 올해는 600만 명 정도 될 거라고 하니 정말로 대단한 발전이 아닐 수 없다. 그렇다면 이러한 현상을 어떻게 받아들여야 할까? 단순하게 전주시가 적극적으로 홍보하고 관광지를 개발해서 그런 것일까? 물론 그 부문도 부인할 수는 없다.

하지만 잘 생각해 보자. 먹고 사는 문제가 해결되자 한옥이 눈에 들어오고, 우리의 음식이 더욱 소중해 보이기 시작했다. 또한 우리의 소리, 우리의 종이가 눈에 들어오는 것이다. 이것이야말로 역사의 흐름이자 반복이다. 세월이 흐르면 흐를수록 그러한 것들이 더욱 각광을 받고, 사랑받을 것이다. 희소성의 가치뿐만 아니라 우리의 안목이 계속해서 발전하기 때문이다. 또한 우리의 우수한 유전자를 어떻게 할 수 없는 것이다. 어쩌면 본연의 모습으로 돌아가는 자연스러운 현상이다. 따라서 전주는 국내외를 막론하고 많은 사람들이 찾아오는 여행지로 더욱 각광받을 것이다.

전주 톨게이트를 지나 시내로 들어갈 때까지만 해도 전주는 여느 도시와 별반 다를 것이 없어 보인다. 그러나 전주 한옥마을에 가 보면 볼거리가 얼마나 많은 곳인지를 금세 알아차리게 된다. 한옥마을 근처 천변에 차를 대고 서서히 걷는다. 도시 공간을 이해하기 위해서는 걷는 것만큼 효율적인 것이 없다. 특히 전주의 진가는 걸으면 걸을수록 배가가 된다.

가장 먼저 청연루에 올랐다. 전주 천변에서 전주한옥마을이며 이목대, 오목대, 그리고 남천을 한눈에 볼 수 있는 멋진 곳이다. 그래서 이번 전주 여행의 단기 베이스캠프는 이곳 청연루이다. 한옥마을 초창기에는 없었지만 차가 다니는 널따란 도로 위에 멋진 한옥 건물을 세웠다. 건물에 비해 다리가 너무 커서 조금 어색한 면도 있지만 나름대로 조명도 들어오고, 사람들이 마루에 앉아 휴식을 취하는 것을 볼 때면 '그래, 복원 잘했네.' 하는 생각이 절로 든다. 가을철 억새가 남천에 필 때면 더더욱 인기 만점인 곳이다.

초창기에는 한옥마을을 금세 둘러볼 수 있었는데, 지금은 어림도 없다. 공방이 며 갤러리 체험관이 어찌나 많이 생겼는지 길을 잃기 십상이다. 하지만 한옥마을에 서는 길을 잃어도 좋다. 어디를 가든 볼거리와 먹을거리가 넘쳐나기 때문이다. 조금만 걸어 나오면 좀 더 큰길이 나오고, 각 섹터마다 다양한 전시관이 자리 잡고 있다. 보통은 전동성당, 경기전을 시작으로 여행을 시작하지만 역으로 코스를 잡아보는 것도 괜찮다.

한 걸음, 한 걸음 한옥마을 쪽으로 들어간다. 아이들이 좋아한다. 특히 큰아이는

예술 쪽에 관심이 많아서 눈이 반짝반짝한다. 저리도 좋을까? 메인 골목길에 작은 수로가 있다. 참으로 반가웠다. 예전 초창기 전주 관광 컨설팅을 할 때 중국의 리장 이야기를 한 적이 있다. 성안에 가득한 기와집, 그리고 그 민가 중간중간에 흐르던 깨끗한 개울물이 참으로 인상적인 곳이다. 중국의 주요 도시도 아니고, 역사적으로 유명한 시안 같은 곳도 아닌데, 어떻게 천 년이 넘도록 성안의 가옥과 구도심이 그대로 남아있으며 소수민족의 생생한 문화가 전승되었는지 부러울 따름이었다. 그렇게 한옥마을이 운남성 리장처럼 개발되길 바라왔는데, 7~8년 사이 그 꿈이 현실이 돼 가고 있었다.

혹자는 그러한 작은 물줄기 하나가 무에 그리 대단하냐고 이야기할지도 모른다. 하지만 팍팍한 도심을 걷다 보면 시원한 물줄기 하나는 오아시스와도 같다. 특히 아이들에게는 인기 만점인 수로이다. 수로뿐만 아니라 광화문 네거리에서 볼 수 있는 소포석이 깔려 더욱 운치 있는 거리가 됐다. 아무것도 아닌 것 같지만 관광객들은 아스팔트나 시멘트 길보다 이 길이 더 났다는 것을 감각적으로 인지하는 것이다. 촘촘히 박혀있는 소포석. 프랑스 혁명 때 시민군들이 소포석을 빼서 정부군에게 던졌다는 일화가 있다. 소포석은 위쪽이 네모나고, 그 돌을 박기 위해서 아래쪽은 뾰족하다. 이러한 것들에서 한옥마을을 발전시키기 위해 노력한 사람들의 노고가 보인다. 세세한 것까지 신경을 쓰다 보면 도시는 분명 달리 보인다.

전주가 그렇다. 도시 관광은 자연을 관광하는 것과는 다르다. 점(관광지)과 점 사이를 선(길)으로 이으면 그 점과 점 사이에는 볼거리가 많아야 한다. 모든 도시에 적용되는 것은 아니지만 전주한옥마을은 그러한 공식이 그대로 적용된다. 한옥마을이라는 넓은 면적에 점들이 위치해 있고, 그 점들을 이어주는 선이 격자를 이루거나 곡선을 만들면서 마을을 만들어 가는 것이다.

따라서 전주 여행을 계획할 때는 큰 지도를 펼쳐 곳곳에 위치한 관광지에 점을 찍고 선을 그어보자. 그리고 그 선을 따라 펼쳐지는 소소한 볼거리를 즐기면 되는 것이다. 그러나 그 넓은 면적을 한 번에 즐기기란 쉽지가 않다. 계절별로 찾거나 새로운 테마를 가지고 찾으면 좋을 것이다. 예를 들면 한 번은 음식, 그다음에는 처마 선이 살아있는 한옥에 집중해 보는 식으로 말이다.

또한 전주한옥마을은 건축학적으로도 볼 만한 곳이다. 특히 전동성당은 근대건 축물로는 뛰어난 수작이기에 꼭 한번 찾아야 되는 명소이다. 1914년 천주교 순교 터에 지어지기 시작한 전동성당은 수십 년에 걸쳐 완성한 걸작이다. 동양의 아름다

운 성당 50선에도 들어가는 기념비적인 건물이기도 하다. 서울의 명동성당이 고딕 양식이라면 전주의 전동성당은 비잔틴풍의 로마네스크 양식이다.

개인적으로는 벽돌 건물의 전동성당이 더욱 정감이 간다. 많은 건축적 재료 중에서도 벽돌이 참 좋다. 언젠가는 벽돌집을 지어보고도 싶다. 벽돌은 세월이 흐르면 흐를수록 기품이 느껴진다. 벽돌 한 장, 한 장에 배어있는 그 정성 또한 매력적이다.

조선시대에는 우리나라에 벽돌 건물이 거의 없었다. 대개 흙과 돌, 나무나 억새, 볏짚 정도의 자연 재료를 이용한 것이다. 그러다가 실학사상이 발전하면서 중국의 벽돌 건축 문화가 우리의 생활에도 자연스럽게 들어오기 시작했다. 개화기에 들어 신식 건축물이 생기기 시작하면서 본격적으로 벽돌 건물이 들어왔다. 전동성당의 경우도 중국의 건축 기술자들이 벽돌로 만든 건축물이다.

경기전을 마주 보고 있는 전동성당이 대중의 관심을 끌기 시작한 것은 영화 〈약속〉에서 박신양과 전도연이 이 아름다운 성당에서 결혼식을 하면서부터다. 밖에서 바라보는 성당도 아름답지만 안으로 들어가 보면 소박한 아름다움을 느낄 수 있다. 가만히 앉아서 성당을 배경으로 사진을 찍는 사람들을 바라본다. 지금은 평화롭기만 하나 한때는 천주교 신자에 대한 무자비한 박해가 있었던 곳으로, 그들의 피로 세워진 것이나 마찬가지다. 그저 달랐을 뿐인데, 이를 인정하지 않는 사람들에 의해 많은 이가 목숨을 잃었다. 전동성당을 찾아 온 여행자라면 성당의 이면에 있는 역사적 사실도 한 번쯤 생각해 봐야 될 것이다.

성당을 뒤로하고 경기전 안으로 들어간다. 조선을 창업한 이성계의 어진을 모신 곳이 경기전이다. 태조의 4대조 할아버지 이안사가 전주를 떠나 강원도 삼척으로

가기 전까지만 해도 1~18대까지 대대로 살았던 전주 이 씨의 터전은 전주였다. 창업하기도 힘들고 수성하기도 어렵다고 했던가? 태조 이성계로부터 시작된 조선은 마지막 순종 임금에 이르기까지 숱한 우여곡절이 있었으나 무려 500여 년을 이어온 왕조국가였던 것은 누구도 부인할 수 없다. 이러한 조선을 개국한 이성계에 대해 새삼스럽게 이야기할 필요가 있겠는가. 역사에 가정이란 없는 법. 좋든 싫든 숙명처럼 우리의 역사는 받아들여야 하는 법이다. 핍박한 자와 핍박을 받은 자가 말없이 서로를 바라 보고 서 있는 것처럼 말이다.

경기전은 전주한옥마을의 쉼표 같은 존재이다. 여기저기 걸어 다니다 지친 여행자들은 경기전 안에서 잠시 쉴 필요가 있다. 곳곳에 심어진 커다란 느티나무가 운치 있을 뿐만 아니라 갑자기 깊은 숲 속에라도 들어온 양 휴식이 주어진다. 도심 속에 있는 공원이 따로 없다. 만약 뉴욕에 센트럴파크가 없다면 어떨까? 삭막 그 자체일 것이다. 그래서 경기전이 소중하다. 역사적으로 중요한 문화재가 많이 있는 것도 중요하지만 편안한 휴식 공간을 만들어 주는 것만으로도 충분한 가치가 있다.

한옥마을을 나와 태조로를 따라 명품관 쪽으로 갔다. 2층 한옥 아래에 파리바게뜨 빵집이 있고, 일상적인 가게들도 보인다. 생활 속에 우리 한옥이 있는 모습은 늘 보기 좋다. 우리 그릇에 외국의 무언가를 담는 것도 의미 있는 일이다. 꼭 우리 것만을 담으라는 법은 없다. 발전시킨다는 의미로 받아들이면 좋을 듯싶다. 사거리에 삼백집 간판이 보였다. 그 유명한 전주의 콩나물 국밥집이 사람들 많이 모이는 곳에 분점을 낸 것이다. 그래, 금강산도 식후경이라고 하지 않나. 한 그릇 먹고 가야지.

전주 하면 비빔밥이 생각나지만 원래는 전주 탁백이국이 가장 유명한 음식이었다. 여기서 탁백이국이란 콩나물 해장국을 말한다. 술 한 잔 마시고 해장하기에 콩나물국만 한 게 또 있겠는가. 그래서 막걸리를 뜻하는 방언에서 이름이 붙었을 것이다. 그렇다면 전주비빔밥은 무엇이란 말인가? 일제강점기만 하더라도 비빔밥은 전주가 아닌 경상남도 진주가 유명했다. 소를 잡는 우시장이 발달해서 육회를 얹은 비빔밥이 전국적으로 유명했던 것이다. 그러다가 1981년 국풍81이라는 대규모 문화 축제가 열리면서 전국의 향토 음식들이 다 모였는데, 그중에 하나가 전주비빔밥이다. 이후 전주하면 비빔밥이 생각날 정도로 전주의 가장 유명한 음식으로 자리 잡았다.

전주에 왔으니 음식 이야기를 빼놓을 수 없다. 지금 이렇게 글을 쓰는 것도 다 먹고살자고 하는 일인 것처럼 먹는 문제는 인류가 생긴 이래 가장 원초적이고 기본적인 일이다. 이러한 음식 문화를 이해하는 것은 어쩌면 우리 역사를 바로 아는 것이고, 인류 문명사를 이해하는 것이다. 그래서 무조건 먹기만 해서는 안 된다. 누군가는 그러한 것을 연구하고 발전시켜야 하는 의무가 있다.

전주에 오면 언제나 행복하다. 어느 골목, 어느 시장을 가도 가격 대비 성능, 일명 가성비 좋은 음식점들이 많으니 말이다. 사람들은 본능적으로 가성비가 좋은 것들에 만족을 느낀다. 가끔 전주나 광주에 가면 이 가격에 남는 것이 있나 싶을 정도로 놀랄 때가 많다. 예를 들면 옛날 전북도청 쪽에 한국식당도 마찬가지이다. 6,000원만 내면 반찬 놓을 곳이 없을 정도로 많은 가짓수의 백반상이 나온다. 아깝다는 생각도 들지만 그것이 전라도 인심이자 우리나라 음식 문화의 전통이니 어쩔 수 없다. 그러한 상을 받을 때면 행복하기 그지없다. 친구들과 함께 간 가맥(가게 맥주)집의 그 환상적인 소스 안주, 한 상 차려 나오는 전주 한정식, 안주 천국 삼천동 막걸리와 수도 없이 많은 소박한 백반집들이 우리를 설레게 한다. 꼭 유명한 식당이 아니어도 좋다. 시장 골목 아무 식당에 들어가 우연찮게 먹었는데 어머니 손맛이 살아있는 음식을 만났을 때의 그 반가움이란!

　마지막으로 한옥마을을 한눈에 보기 위해 오목대로 오른다. 한 50여 m만 올라도 전주한옥마을이 한눈에 보이는 조그마한 동산이다. 와, 성곽에서 바라본 중국의 리장……아니, 이곳은 대한민국의 자존심. 그래, 전주한옥마을이다. 리장의 성안도시에 비하면 전주한옥마을의 건축물 나이는 어리다고 할 수 있지만 그래도 우리를

대표하는 한옥마을이 있어서 참으로 다행이다. 어디서 이러한 한옥 군락을 볼 수 있단 말인가. 조선시대야 서울이며 평양, 개성, 경주, 전주, 수없이 많은 곳에서 이러한 성안 풍경을 볼 수 있었겠지만 아쉽게도 지금은 아니다. 전주가 유일하다. 비록 1930년대 지어진 근대 한옥이지만 우리의 자존심이 그대로 녹아있는 우리의 집인 것이다.

하늘로 살짝살짝 올라간 처마 선이 아름답다. 중국이나 일본의 처마 선과는 분명 다르다. 중국의 것은 너무 과하고, 일본은 너무 밋밋하다. 한국 사람이어서가 아니라 정말이지 우리의 한옥이 최고가 아닌가 싶다. 경복궁에 새로 복원한 광화문을 보자. 한국일보 쪽에서부터 걸어오면서 바라보는 광화문은 3D가 따로 없다. 시선에 따라 변하는 그 아름다운 처마 선의 볼륨은 중국의 그 어떤 건물도 따라오기 힘들다. 우리만의 선인 것이다. 이러한 것에서 볼 때 삼성의 핸드폰도 그냥 나온 것이 아니다. 우리 선조들의 안목이 수천 년 역사

를 따라 내려온 것이다.

　1박 2일 동안 전주에 머물렀다. 하지만 아직도 멀었다. 학인당에서도 하룻밤 자면서 우리 전통 판소리도 들어봐야 되고, 가 보지 못한 갤러리며 숱한 전시관, 박물관 등은 다음을 기약하는 수밖에 없다. 다시 청연루 쪽으로 돌아왔다. 길거리에서 파는 테이크아웃 커피 한 잔을 들었다. 전주는 도심 곳곳에 한옥 카페가 유독 많다. 차나 커피를 만끽하고 싶다면 전주에 가 볼 일이다. 사람이 많아지면서 너무 상업적으로 변하고, 전통이 없는 음식점들도 많아져 걱정이 되기도 했지만 전주의 전통은 쉽게 변하지 않을 것이다.

　태조 이성계가 조선 왕조를 창업했듯이 우리는 전주를 통해 가장 한국적인 관광지를 창업한 것이나 마찬가지이다. 이제는 수성할 때다. 아무쪼록 잘 보전하고 가꿔서 한옥마을이 우리나라를 대표하는 관광지가 됐으면 좋겠다. 전 세계에 자랑할 수 있는 도시가 되어야 할 것이다. 그러기 위해서는 사는 주민뿐만 아니라 상인들, 그리고 새롭게 건축물을 짓고 있는 건축가까지 모두가 합심해야 된다. 한옥 골목에 한복을 입은 사람들이 활보하고, 한복을 입고 장사하는 사람들이 더욱 많아지는, 또한 한옥 우체국에서 한지로 된 봉투에 편지를 부치는 전주를 상상해 본다. 부디 천박한 2류, 3류의 어설픈 퓨전으로 가지 말고 전통을 굳건히 지키면서 창조적인 아름다움을 만들어 갔으면 좋겠다.

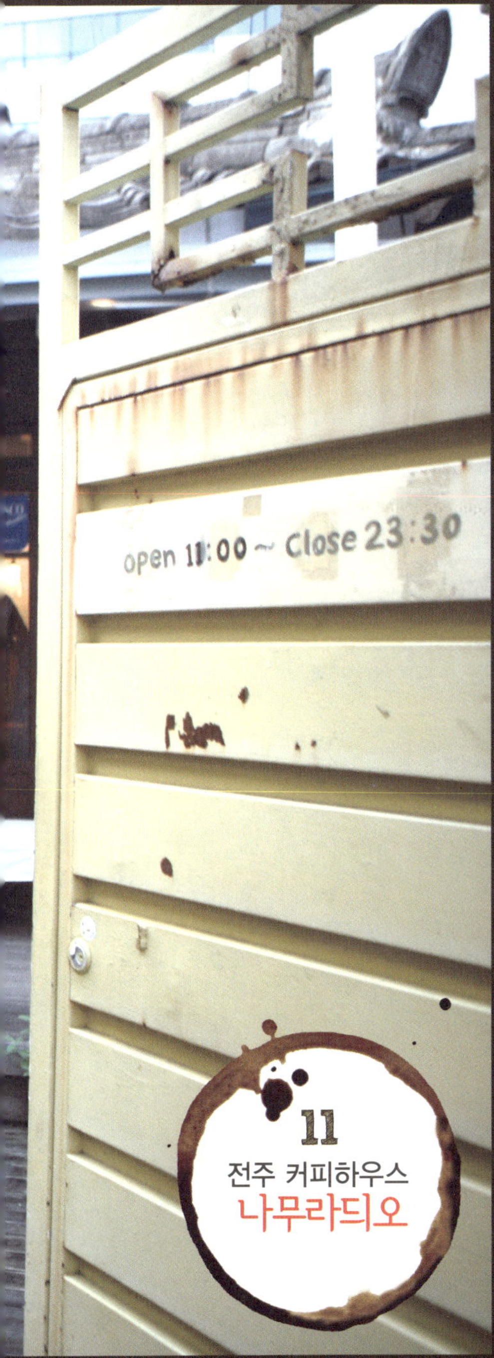

11
전주 커피하우스
나무라디오

'**커**피 천국! 코스타리카, 카페 천국! 강릉과 전주'

업계에서 회자되는 이야기이다. 전주 한옥마을이 전국구 스타가 되면서 수많은 카페가 여기저기 생겼다. 여행을 하다가 다리도 아프고 지칠 때마다 분위기 있는 카페에 들어가서 달달한 커피를 한잔 마시거나 좋아하는 차를 한잔 마시고 나면 힘이 나게 마련이다.

당신에겐 소울 푸드가 있는가?

대개 여행을 많이 하는 여행자들은 자신만의 소울 여행지가 있는 편이다. 예컨대 우울하고 지쳤을 때 찾으면 늘 말없이 내 어깨를 토닥여 주며 힘내라고, 다시 한 번 시작해 보라고 지지해 주는 그런 여행지 말이다. 음식도 마찬가지다. 많은 사람들이 자기가 좋아하는 음식을 먹을 때 행복해하고 만족감을 느낀다. 나에게 커피는 영혼을 풍요롭게 하는 진정한 소울 푸드가 아닌가 싶다.

힘들고 어려울 때나 여행을 할 때, 그야말로 시도 때도 없이 마시는 커피는 나에게 특별한 음식임에 틀림없다. 그렇다고 언제나 힐링이 된다는 것은 아니다. 이미 커피는 일상으로 너무나 깊숙이 들어와 버렸기 때문이다. 커피 맛도 맛이지만 그 맛을 배가 시키는 공간이 잘 어우러진 카페를 만나면 진정 소울 푸드를 만난 듯하다.

특히 전주는 한옥이 많아서 내 눈높이를 맞춰주는 커피집이 많다. 한옥마을하고는 좀 떨어져 있기는 하지만 전주 영화의 거리 쪽에 있는 나무라디오는 최근에 전주에서 찾은 멋진 카페이다. 우연히 만난 카페치고는 공간과 커피가 아주 잘 어울렸다.

전주에 가면 우리의 입맛을 사로잡는 수많은 음식이 있다. 길거리 간식부터 전통 한정식, 그리고 술 안주로 나오는 그 맛있는 소스까지. 그래서 전주 여행을 계획하는 사람들은 늘 기대가 크다. 하지만 최근에는 전주도 워낙 많은 카페가 생겨서 사전에 잘 알아보고 들어가야 된다. 나처럼 하지 말고 말이다.

나는 즉흥적으로 마음에 드는 카페가 있으면 들어가 보기로 하고 전주를 찾았다. 한옥마을에서는 딱 여기다 싶은 카페가 없었다. 저녁 식사를 하고 어디로 갈까 생각하다가 영화의 거리로 갔다. 여기저기 구도심을 찍고 있는데, 눈에 띄는 간판이 하나 보였다. 나무라디오! 순전히 이름 때문에 들어간 카페이다. 4칸짜리 한옥을 개조해서 만들었는데, 전주에 참 잘 어울리는 카페가 아닌가 싶다. 골목 안으로 좀 들어가다가 어려서 늘 마주쳤던 철제 대문 안으로 들어간다. 입구에 로스팅 룸이

있다. 덩치가 큰 마스터가 열심히 로스팅하고 있다. 후지 로열 로스터기. 참으로 많이 사용하는 로스팅 기계가 아닌가 싶다. 천장의 대들보며 서까래가 다 드러나 보이는 인테리어이다. 오래된 목조와 하얀 벽면이 심플하게 잘 어울린다. 흑백의 조화가 마음에 든다.

조용하게 담소하는 손님들이 대부분이다. 특별한 정보가 없어서 주문받는 종업원에게 커피를 추천해 달라고 했다. 오늘 신선한 원두가 어떤 것인지, 아니면 잘 로스팅된 커피는 어떤 것인지. 와인에 대해 잘 모를 때는 하우스 와인을 추천해 달라고 하듯이 커피도 마스터나 바리스타에게 권해달라고 하는 것이 맛있는 커피를 마실 수 있는 방법 중에 하나다.

과테말라 안티구아를 추천해 준다. 커피는 크게 아프리카 커피와 중남미 커피, 그리고 아시아 커피로 구분된다. 고급 커피는 보통 고산지대에서 재배되는 아라비카종이라고 보면 될 것이다. 하지만 요즘

에는 워낙 기술이 발달한 농장이 많아서 어떤 방법으로 커피를 정제하느냐에 따라 맛이 달라지기도 한다. 코스타리카나 과테말라, 콜롬비아처럼 중남미 커피는 커피 산업 자체가 워낙 발달이 돼서 질 좋은 커피가 많이 생산되고 있다.

주문한 커피가 나왔다. 음, 그렇지. 종업원들이 추천해 주는 커피가 크게 실패하지 않는 이유가 있다. 커피는 아무리 잘 드립해도 로스팅된 원두가 오래되거나 원두 특징에 맞게 잘 볶지 않으면 맛이 없어질 수가 있기 때문이다. 쓴맛, 그리고 적당한 신맛이 잘 어우러져 맛이 있다. 우연하게 찾아왔는데 대만족이다. 나만의 소울 푸드를 마시면서 카페 안을 구경한다.

이렇게 카페를 찾아다니면서 커피를 마시는 사람들의 특징이 있다. 대개 혼자 다닌다는 것, 그리고 커피가 나오면 맨 먼저 컵 안의 커피색을 쳐다보고, 마시기 전에 향기를 맡아보고, 마시면서 무언가 맛을 탐구하려는 듯한 딱딱한 연구원처럼 군다.

물론 그들도 존중한다. 나 역시 그런 부류에 속한 여행자 중 한 사람이었다. 그런데 어느 때인가부터 다 부질없음을 깨닫게 됐다. 있는 그대로 받아들이고 즐기자는 주의로 바뀐 것이다. 그래서 요즘은 사진도 별로 찍지 않고 쉬면서 위안을 찾는 것으로 만족하고 있다. 오늘 이 집의 커피가 맛있다고 해서 늘 그렇지 않은 것이 바로 커피다. 물론 맛있는 김치를 담그는 요리사가 평균적으로 맛있는 김치를 만들기는 하겠지만 그도 때로는 배추가 안 좋아서 맛없는 김치를 담굴 수도 있듯 말이다.

왼쪽으로 들어가면 메인 공간과 별도로 또 다른 공간이 하나 나온다. 구석에 다락방이 하나 있고, 거기서도 커피를 마실 수 있다. 아기자기하게 즐길 수 있는 카페이다. 골목 안에서 골목 밖을 바라본다. 연노랑 철제 대문, 콧수염이 멋진 커피마스터, 그리고 친절하게 손님을 맞이해 준 직원들까지. 전주의 나무라디오는 지친 여행자에게 진정으로 소울 푸드를 느끼게 해 준 고마운 카페였다.

흑룡만리와 바람의 역사
제주 여행

제주는 그냥 좋다. 제주가 대한민국에 있다는 것만으로 우리는 축복받은 것이다. 요즘 중국의 스모그 기사를 보면서 더욱 그러한 생각을 많이 한다. 여러 곳을 다녀봤지만 갈 때마다 좋다고 생각하는 곳이 제주가 아닌가 싶다. 제주는 그래, 그냥 좋은 곳이다. 말이 필요 없다. 사계절 어느 때 찾아도 이방인들을 설레게 한다. 그만큼 제주의 자연은 타의 추종을 불허하는 명불허전이다.

이러한 제주를 이번에는 커피 때문에 찾았다. 커피는 북위 25도, 남위 25도의 커피 벨트(Coffee Belt)에서만 재배되고 있는 식물이다. 하지만 최근 들어 우리나라에서도 커피가 재배되고 있다. 온실이기는 하나 강릉과 제주에 재배 농장이 생긴 것이다. 우리나라도 이제 난대성 국가가 돼 가고 있다는 느낌을 받는다. 올해 날씨만 봐도 그렇지 않은가. 5월부터 반팔을 입고 다녔는데 9월까지 더웠다. 여름이 근 5개월 가까이 된 것이다. 그러다 보니 제주에서 자라던 귤 같은 난대성 식용작물들이 남해안으로 상륙한지도 오래다. 천안에서 귤이 나올 날도 머지않은 듯하다.

제주도를 맨 처음 가게 됐을 때는 고등학교 수학여행이었다. 목포에서 배를 타

고 9시간 만에 제주에 갔다. 목포에서 제주, 제주에서 완도로 나왔던 코스였다. 멀리 한라산이 보이기 시작하자 우리들은 갑판에 나와 제 항에 닿기만을 고대했다. 그러나 어찌나 느린 배였던지 한라산이 보이고도 몇 시간을 더 가야만 했다. 지금 생각해 보면 우리나라의 교통수단이 눈부시게 발전했음을 느낀다. 교통수단의 발전이 여행의 역사라고 해도 과언이 아니다. 지금이야 거의 대부분의 사람들이 비행기를 타고 제주에 가지만 그때만 해도 배를 타고 가는 사람들이 많았다. 9시간의 기나긴 기다림이 따랐지만 그 시간이야말로 소중한 추억이 아니었나 싶다.

비행기를 타면 음료수 한 잔 마시고, 신문 잠깐 보는 사이 제주에 다다른다. 그만큼 제주는 이제 우리들 곁에 가까이 있는 것이다. 비행기는 늘 만원이다. 제주에 국제 학교까지 생기면서 아이들을 보러 가는 아빠, 엄마, 그리고 친척까지 그야말로 북새통이다. 여름이면 휴가 여행객들로 더욱 붐빈다.

제주의 공기는 짬짜면이다. 이국의 공기 반, 내국의 공기 반, 딱 그만큼이다. 외국에 온 느낌이 나기는 하지만 그래도 친숙한 공기인 것이다. 얼마나 좋은가. 외국 같지만 말이 통하니 말이다.

렌터카 회사에서 차량을 빌려 공항을 빠져나온다. 숙소가 남원 쪽이어서 방향을 서쪽으로 먼저 잡았다. 협재 해변에 간 다음 산방산으로 해서 남원까지 가기로 한 것이다. 첫날이라 아무것도 하지 않고 바로 숙소로 들어가서 쉬기로 했다. 그런데 웬걸, 해안가를 따라가니 이렇게 멋진 풍경에 어떻게 그냥 갈 수가 있겠는가. 사진을 찍고, 바다에 발을 담가도 보고, 그렇게 숙소까지 가는데 한나절이 지나 버렸다. 이렇듯 제주는 어느 한 곳 버릴 데가 없는 섬이다.

숙소에 들어가기 전에 마트에서 장을 봤다. 제주의 마트 또한 외지인이 더 많다. 역시나 빠지지 않고 중국말도 들린다. 요즘은 어딜 가나 중국인 천지다. 특히 제주도는 중국인이 가장 선호하는 여행지 중 하나이다. 대륙에 사는 사람들은 평생 바다 한 번 보지 못하고 죽는 사람들이 부지기수일 것이다. 그러니 제주의 멋진 바다를 보고 반하지 않겠는가. 거기에다 제주는 황사와 스모그도 없고, 공기까지 좋다. 그래서 제주에 열광하지 않나 싶다.

　최근 제주에 땅을 사는 중국인들도 늘고 있다. 중국에서는 땅을 소유할 수 없기에 내 땅을 가지고 싶은 이들이 제주로 눈을 돌리는 것이다. 또한 그림을 그리는 예술가들도 자기만의 작업실을 소유하고 싶어 제주도에 아틀리에를 꾸미는 추세이다. 그러니 제주도 땅값이 안 오르고 배길 수 있겠는가. 전체로 봐서는 아직까지 미미하지만 외국인이 우리 땅을 산다는 것이 사람들의 걱정을 일으키고 있다. 그렇다고 중국 땅이 되기야 할까? 글로벌 섬으로 거듭난다고 생각해야지.

　그러한 여파로 최근에는 동남아처럼 풀 빌라가 유행하고 있다. 하룻밤에 50~100만 원짜리 숙소가 팔리고 있는 것이다. 제주의 거의 모든 관광지에 중국인들의 발걸음이 미치지 않는 곳이 없다. 그래서 제주도에는 비수기라는 말이 없어졌다. 관광업계에서 가장 싫어하는 단어, 비수기. 이 업을 하는 사람으로선 외국인이 비수기를 채워주고 있다는 것에 고맙기도 하다.

　남원에 있는 바다가 보이는 펜션. 조용히 쉬면서 글도 쓰고, 제주의 소도시를 즐기고 싶어서 인터넷 검색 후 이곳으로 숙소를 잡았다. 그저 바다가 보이고 한적하면 좋을 것 같았는데, 기대에 어긋나지 않았다. 커다란 야자수와 언제나 사랑스러운 제주의 푸른 바다, 한적한 해안가 도로나 번잡하지 않은 남원시내. 사람도 별로 없다. 소도시의 소소함이 살아있는 그러한 동네이다.

장자는 우리네 인생을 '낯선 여인숙에서 묵는 하룻밤'이라고 표현했다. 거기에 비하면 인생이라는 긴 여행 중에 만난 여행지에서의 하룻밤은 아주 작은 점밖에 지나지 않는다. 그래도 그 찰나가 여행자에게는 더없이 소중하다. 철학자의 발걸음으로, 여행자의 시선으로 동네를 소요했다. 이런 것이 참여행 아니겠는가.

여행자에겐 먹는 것도 중요하지만 숙소만큼 중요한 게 또 없다. 여행을 할 때 머리만 대면 자는 스타일이긴 하지만 이번만큼은 호사를 누리고 싶었던 것도 사실이다. 나만의 힐링이 필요했던 것이다. 2박 3일의 일정 중 공식적으로 가야 될 여행지는 커피 농장밖에 없다고 생각하니 급할 것도 없이 여유로웠다. 그래, 천천히 제주의 속살을 둘러보자.

일단 인위적으로 만들어 놓은 곳은 빼기로 했다. 그렇게 압축해도 제주의 자연은 무척이나 매력적이어서 어디를 가야 될지 행복한 고민에 빠질 수밖에 없다. 제주 올레, 제주 오름, 제주 해변, 중산간지대의 끝도 없는 억새, 제주의 돌담, 제주의 바람, 투명한 하늘, 노랗게 익어가는 감귤, 비췻빛 바다, 곶자왈, 쇠소깍, 절물 자연 휴양림, 사려니 숲길, 삼나무

가로수길, 이 모든 것을 안고 있는 한라산까지. 제주에서는 인공적이지 않은 자연 그대로가 여행자를 반겨준다. 제주의 자연만 봐도 이렇게 넘치는데 어디에다 무엇을 더 담을 수 있겠는가.

동쪽에서 떠오르는 아침 태양을 보면서 잠에서 깼다. 베란다 문을 열고 그냥 멍하니 바다를 바라봤다. 아, 이래서 아이들 방을 동쪽에 두는구나. 저 태양의 기운을 양껏 받아서 힘내라고, 좋은 기운 받아서 쑥쑥 크라고. 보약을 먹어야 될 판인 중년의 나이에 제주의 싱싱한 태양이라도 마음껏 마시고자 호흡한다. 간단하게 아침을 먹으면서 오늘의 일정을 체크한다. 사실 일정이랄 것도 없다. 제주를 떠나기 전까지 커피 농장만 가면 공식적인 일정이 끝이다.

어디를 가지? 그래, 방문했을 당시 다시 한 번 또 오리라 마음을 먹었던 그곳, 바로 김영갑갤러리이다.

참 무모한 사람 김영갑. 사진에 대한 그의 열정은 루게릭병 진단도 막을 순 없었다. 그를 만나기 위해 숙소를 나섰다. 어떻게 사진으로 바람과 구름, 햇살을 잡아두려 했을까. 바람의 흔적, 바람의 여운. 그였기에, 그가 영혼을 바쳤기에 제주의 자연이 허락한 것일지도 모른다. 그는 어렴풋하게, 아니 명징하게 제주의 바람을 잡은

사람이다. 그에 의해 찰나가 영원이 된 것이다.

제주의 기나긴 돌담을 볼 때마다 김영갑을 떠올린다. 제주의 돌담과 김영갑은 닮아있다. 제주 돌담과 김영갑의 미학은 무얼까, 가슴 숭숭 뚫려 시리고 아프지만 그 어떤 바람도 넓은 가슴으로 받아내는 것이다. 있는 듯 없는 듯 무애의 경지로 투명한 햇살처럼 모든 바람을 통과시켜버린다. 과연 어느 인간이 제주의 돌담처럼 미약하면 미약한 대로, 강하면 강한 대로 다 받아들일 수 있단 말인가. 세찬 바람도 별일 아니란 듯 무심하게 통과시켜버리는 그 담대함과 허술함. 그래서 제주의 돌담들이 다 까매진 것인지도 모른다. 세상 모진 바람 다 맞아 봤기에 속이 까맣게 타 들어간 것이다. 그래서 제주 돌담은 그 색깔만큼이나 애잔하다.

제주의 푸른 들판과 그 들판을 구획 짓는 까만 돌담만큼이나 김영갑이 좋다. 어쩌다 황량한 들판에 그 밭담과 서 있는 한 그루의 나무를 볼 때면 김영갑을 보는 듯해서 그냥 지나치기 쉽지 않다. 많이 외로웠지만 한없이 자유로웠던 한 작가를 생각하게 되고, 제주라는 것을 실감한다. 그래, 초가을로 접어든 40대 중반의 나이. 이제 제주 돌담을 닮을 일이다.

그 어떤 비바람에도 무너지지 않고 의연하게, 때로는 만만하게 서 있는 그 제주의 돌담처럼 말이다.

폐교를 개조해서 만든 김영갑갤러리는 여전했다. 사람들이 붐볐지만 왠지 모를 그 쓸쓸함까지도. 사진 한 장, 한 장 그의 영혼이 살아 숨 쉬고 있는 듯하다. 누군가에게 오래도록 남아있다는 것만큼 강렬한 인생은 없다. 다 묻히고 말지만 기록으로 남는 것은 수천 년 이어갈 수 있는 것이다. 김영갑갤러리를 뒤로하고 우도를 가기 위해 성산포로 향한다.

7월의 제주도는 아직 찜통더위는 아니지만 이른 더위에 여행자도, 원주민들도 조금은 지쳐 보인다. 성산항에서 우도행 배를 탄다. 성산일출봉은 그냥 바라만 보는 것으로 만족한다. 제주에 성산일출봉이 있기에 대한민국 대표 선수라고 말하는 사람도 있다. 지금이야 올레다, 오름이다, 곶자왈이다 해서 대우를 못 받는 듯해도 제주 관광의 일등 공신임에는 틀림이 없다.

엄청나게 많은 사람들이 우도로 가는 배에 타고 있다. 수시로 배가 다니고 있지만 배 안은 관광객들로 넘쳐난다. 예전 우도 가는 길이 아니다. 어떤 여행지를 갈 때 유명세를 타기 전에, 스타가 되기 전에 가야 된다는 말에 100% 공감한다. 소매물도가 그렇고 우도도 마찬가지이다. 그래도 한 번은 더 가 보고 싶었다. 왜냐고? 우도에 가면 왠지 바람을 실컷 맞을 수 있을 듯해서. 서빈백사도 유명하지만 우도는 바람을 느끼고 와야 될 것만 같은 여행지이다. 바람이 불지 않아도 바람을 실컷 맞고 싶은 곳, 우도.

우도에 내리자마자 스쿠터를 한 대 빌린다. 자전거도 있었지만 날씨가 더워 젊은 사람들처럼 스쿠터를 택했다. 조작은 간단하다. 액셀 있고, 브레이크 있고, 헬멧 잘 쓰고. 그래, 부릉부릉 떠나볼까!

　우선 우도를 한 바퀴 돌아 볼 생각으로 왼쪽으로 난 해안을 따라 길을 달린다. 와우, 자전거보다 훨씬 편한데! 금세 서빈백사다. 외국에 비하면 작은 규모의 산호 해변이지만 우도를 찾는 사람들의 필수 코스이다. 사진 한 장 찍고 다시 고고! 한참을 달리다 보면 북쪽 해안가에 등대가 나온다. 사진 찍기에 좋아서 많은 관광객들이 멈추는 곳이다. 이번에는 섬 안쪽으로 스쿠터를 타고 달려본다. 바람을 가른다. 크게 바람 부는 날씨는 아니었지만 바람을 만끽할 수 있었다.

　바람의 흐름을 안다는 것은 인생을 좀 안다는 뜻일 게다. 풍류! 요즘 사람들은 이 풍류를 잘 모른다. 아쉬울 따름이다. 풍류라 하면 모두들 놀기 좋아하는 한량을 떠올린다. 그만큼 대접을 한쪽으로만 받는 것이다. 하지만 그 의미를 정확하게 읽는다면 풍류만큼 멋진 말도 없다. 바람의 흐름을 안다는 것, 여행자에게는 정말로 소중한 말이 아닌가 싶다. 마음껏 풍류를 즐기면서 우도를 달려본다.

　검멀레 동굴을 멀리서 바라만 보고 우두봉으로 향한다. 소의 머리 부분이라 말하지만 내가 보기엔 꼭 누에가 머리를 들고 있는 듯한 형상이다. 어찌 됐든 우도의 전망을 한눈에 볼 수 있는 곳이다. 이제 우도와 헤어져야 할 시간. 스쿠터를 반납하려고 하니 젊은 총각이 우도항 오른쪽으로 갔다 와 봤냐고 물어본다. 예전에 왔을

때도 가지 않았고, 오늘도 가지 않았던 곳이다. 꼭 한번 가
보란다. 많은 사람들이 그냥 지나치지만 경치가 정말 멋지다
고. 다시 헬멧을 쓰고 청년이 말한 방향으로 스쿠터를 몬다.

우와! 여기를 안 보고 갔으면 후회할 뻔했다. 무엇보다도
우두봉 해안 절벽이 멋졌다. 또한 멀리 성산 일출봉 또한 군
계일학이다. 하지만 내 눈을 사로잡은 건 임제에 관한 글귀였
다. 늘 존경해 마지않았던 임제의 숨결을 여기서 보게 될 줄
이야. 아버지가 제주 목사로 있을 때 임제도 젊은 나이에 제
주에 왔었나 보다. 우도의 경치가 좋다는 이야기를 듣고 조
각배를 타고 가려는 데 날씨가 좋지 않아 뱃사공이며 친구들
이 극구 말렸다. 끝내 목숨을 걸고 우도까지 왔다가 글을 남
긴 것이다. 그래, 지극히 그답다. 조선시대 임제가 누구던가!

천재 시인이자 풍류를 알았던 지식인. 평양 부임지로 가면서 황진이 묘소에 술잔을 올리고 시를 지었던 인물이지 않던가. 그 일로 파직은 됐지만 말이다. 그의 호방함과 인간을 사랑한 마음을 존경한다. 그러한 임제를 머나먼 제주 우도에서 조우한 것이다.

다시 배를 타고 성산항으로 나왔다. 차 안은 완전 사우나 찜통이다. 종달리 해안 쪽으로 해서 방향을 북서쪽으로 잡는다. 봐도, 봐도 질리지 않는 제주의 바다. 제주의 해변 경치를 빼고서 어떻게 제주를 이야기할 수 있겠는가. 올 때마다 느끼는 거지만 제주의 해변은 세계 최고라 해도 과언이 아니다. 협재도 좋고 중문도 좋지만 나는 월정리나 세화 해변을 좋아한다. 특히 이번 여행에서 만난 세화 해변은 정말이지 말이 필요없다.

예전에는 왜 몰랐을까? 한데 왜 이제야 가슴에 들어온 걸까! 세화는 서해안 소이작도에서 볼 수 있는 풀치 해안을 볼 수 있는 곳이다. 육지 쪽으로는 까만 현무암이 버티고 있어서 바다로 접근이 쉽지가 않다. 하지만 물이 어찌나 맑고 투명한지 보지 않고 이야기할 수 없을 정도다. 그 모래섬에 들어가면 마치 내가 무인도에 와 있는 것처럼 문명과 단절된 느낌을 받는다. 해수욕하는 사람들도 다른 해변에 비하면 지극히 적다. 오늘도 10명 남짓한 사람만이 외국의 휴양지처럼 한가하게 해수욕을 즐기고 있다. 이러한 장면을 볼 때면 때로는 음악을 만들고 싶다는 생각이 든다. 음악에는 젬병이어서 감히 꿈도 꿀 수 없지만 내가 만약 음악을 만드는 아티스트라면 세화의 해변을 노래할 수도 있을 정도다.

샤워장이나 튜브를 빌려주는 곳이 없어 좀 불편하지만 정자 있는 쪽에 간이 샤워장이 있어서 임시변통으로 샤워를 할 수가 있다. 이러한 불편도 여행의 재미 아니겠는가. 정자 쪽에서 제주의 바다를 실컷 즐기고 있는데 트럭을 개조한 카페 차가 주차장으로 들어왔다. 내가 커피 취재를 하러 온 줄 어떻게 알았지? 거기다가 그 좁은 공간에서 드립 커피를 팔고 있지 않은가!

제주의 햇볕에 그을린 까만 얼굴이 건강해 보이는 젊은 바리스타였다. 그는 그렇게 카페를 운영하면서 바람처럼 여행을 한다고 했다. 와, 젊음이 좋기는 하구나. 나도 저런 용기가 있을까? 요즘은 뭔가 창의적이지 않으면 안 되는 세상이 아닌가!

트랙터를 타고 여행을 하는 젊은 여행 작가를 보면서도 기발하다는 생각을 한 적이 있다. 이 젊은 친구도 그 용기와 방랑벽이 대단하다.

본인이 블렌딩한 커피를 시켰다. 내 앞에 체코에서 온 젊은 남자와 한국인 여성이 커피를 주문하고 있다. 그들의 대화를 들으니 SNS로 많이 홍보를 한단다. 요즘 젊은 사람들의 소통은 SNS를 빼고 이야기하기 힘들다. 그는 일명 건국청년이라고 했다. 인상 역시 나라를 하나 세우고도 남을 그런 밝고 기운 넘치는 청년이다. 건국대에 다니다 이렇게 여행을 한단다. 이야기를 하면서 드립하는 솜씨가 보통이 아니다. 보통은 드립을 할 때면 집중을 해서 하는데 이 청년은 달랐다. 아마 차에서 하는 드립이기에, 바람 같은 청년이기에 드립도 바람처럼 하는 듯했다.

원두가 썩 마음에 들지는 않았지만 여행자가 주는 커피였기에 맛있게 마셨다. 어

떤 원두를 블렌딩했을까? 커피를 하다 보면 블렌딩에 관심을 가지게 된다. 커피를 어떻게 조합했는지가 궁금해지는 것이다. 쓴 놈과 신 놈을 섞었는가, 아님 단맛이 나는 원두와 쓴 맛이 강한 원두를 섞었나. 이것이 궁금해지기 시작하면 당신은 이미 커피에 빠진 사람이다. 나 또한 커피에 '커' 자도 몰랐지만 자전거 사고를 당하고 나서 커피에 빠져 이렇게 커피 여행을 다니고 있다. 그래서 잘 블렌딩된 커피를 마실 때면 '단종 커피보다 훨씬 낫네.' 할 때도 있다.

사람도 커피처럼 블렌딩할 수는 없을까? 불같이 화를 잘 내지만 열정이 있는 사람, 너무 순해서 세상 물정 잘 몰라 당하기만 하는 사람, 제주 삼다수처럼 너무 맑기만 한 사람, 도심의 하천처럼 시류에 편승하는 사람. 이런저런 사람들을 맛있는 커피처럼 잘 블렌딩해서 내놓으면 더 좋은 세상이 될지도 모를 텐데. 아! 잘 블렌딩된 사람을 만나고 싶어진다.

아쉽지만 세화와 이별을 한다. 오늘의 하루도 끝이다. 내일은 아마도 커피 농장을 취재한 뒤 사려니숲길을 가볍게 걸을 생각이다. 바람과 돌담의 고장, 제주. 돌담도 그냥 돌담이 아닌 구멍이 숭숭 뚫린 사진작가 김영갑을 닮은 돌담이 있기에 제주가 한없이 사랑스럽다. 만리장성보다 더 길고 지구 지름보다 더 긴 제주의 흑룡만리가 있는 한 제주는 영원할 것이다.

12

제주 커피하우스

커피 농장

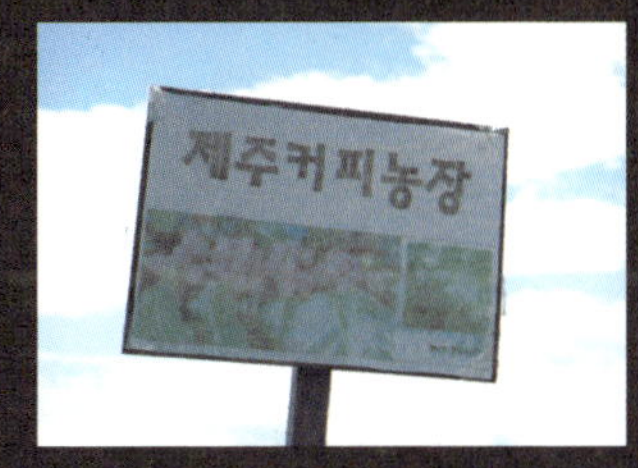

당신은 커피 몇 단이십니까? 저요? 아마추어 1단은 될 것 같은데요. 뜬금없이 커피 몇 단을 이야기하는 이유가 있다. 무언가에 빠지면 업자이든 아니든 간에 깊이 있게 공부하고 연구하는 것은 참 바람직한 일이다. 커피도 마찬가지이다. 그래서 커피 산업에 종사하거나 카페를 운영하는 사장들의 경우 커피에 대한 급수가 몇 단씩 될 것이라고 생각한다.

나름대로 생각하는 단수의 기준도 있다. 우선 크든 작든 커피나무를 온실에서 키워 봤는지, 외국의 커피 산지에 가서 커피가 어떻게 재배되고, 또한 어떤 방식으로 정제되고 있는지 본 적 있는지가 그 기준이다. 여기에 하나를 더 추가한다면 커피마스터의 인문학적 소양이 얼마나 되는지도 본다. 얼마큼 커피에 미쳐야 커피 농사를 직접 지을 수 있는 걸까. 그러한 열정에는 최고 등급을 주지 않을 수 없다.

물론 커피나무를 키우지 않아도 산지에 한 번도 가지 않았어도 커피 9단의 고수들도 많다. 게다가 우리나라는 커피가 자라기에 적합하지 않은 나라다. 우선 한반도의 위치가 커피 벨트에서 벗어나 있다. 여기서 커피 벨트란 적도를 낀 북위 25도, 남위 25도 사이의 열대 지방을 말한다. 물론 무조건 열대지방이라고 해서 커피가 잘 되는 것은 아니다. 연간 강수량이 1,300 이상 되어야 하고, 해발 200에서 1,800m 정도의 고도가 좋다. 또한 토양은 배수가 잘 돼야 하고, 커피나무는 비옥한 화산재 토양에서 훨씬 잘 자란다. 우리나라는 겨울이 있어서 노지에서 커피를 재배할 수가 없다.

그나마 제주도는 기후와 강수량, 토양까지 비슷해서 재배 가능성이 가장 높은 지역이다. 또한 실

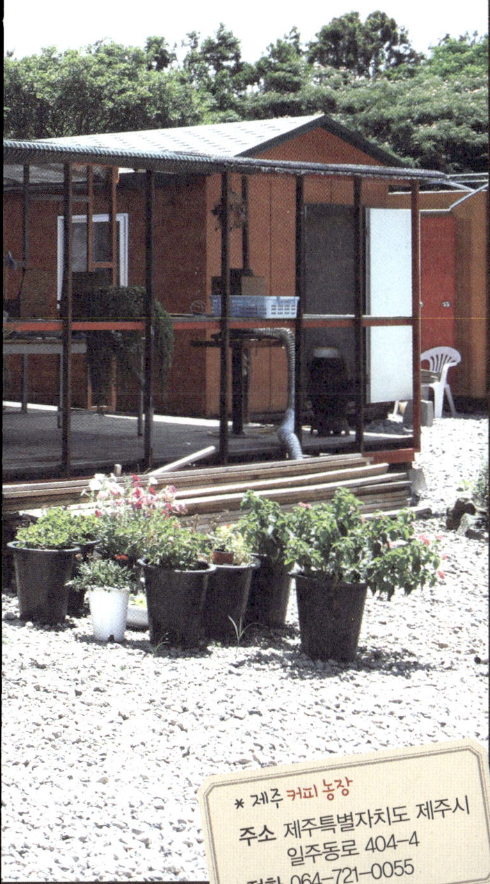

* 제주 커피 농장
주소 제주특별자치도 제주시 일주동로 404-4
전화 064-721-0055

제로 제주도에선 코리아 커피가 재배되고 있다. 온실에서 자라고 있기는 하나 어쨌든 우리 기후, 우리 토양 위에서 소량이나마 해마다 생산되고 있는 것이다.

커피체리가 어떤 색깔인지도 모르던 시절이 있었다. 요즘이야 대형 커피 전문점에 잘 익은 커피체리 사진이 흔하게 있어서 그 색깔을 잘 알고 있다. 하지만 예전에는 커피 열매도 까만색인 줄만 알았다. 그런 내가 처음으로 자줏빛 커피체리를 봤을 때의 생경함이란! 수년이 지났지만 아직까지도 생생하다.

내가 처음으로 커피나무를 본 것은 남양주 북한강가에 자리한 왈츠와 닥터만 커피박물관 옥상 온실이었다. 그때는 커피에 푹 빠져있을 때도 아니었는데, 처음 본 커피나무가 생소하고 신기했다. 나무에 대한 첫 느낌은 참 볼품없다는 것과 저런 나무에서 커피체리가 진짜 열릴까란 의구심까지 들었

다. 이후 제주도에서 대량의 커피나무를 제대로 보게 되었다. 하지만 커피나무를 본 경험이 있어서인지, 아니면 기대가 너무 컸던 탓인지 좀 실망스러운 산지 방문이 아니었나 싶다.

여름이 막 시작됐을 때 제주도 커피 농장을 찾았다. 매년 여름이 길어지고 있음을 느낀다. 제주도뿐만 아니라 우리나라 전체가 아열대가 돼 가고 있는 것 같다. 커피 농사를 짓는 사람에게는 더욱 반가운 일이 아닐 수 없다. 제주 시내에서 그리 멀지 않은 삼양동 해수욕장 근처에 제주 커피 농장이 있다. 큰 대로변에 있어서 찾아가기는 어렵지 않다. 아프리카까지는 아니더라도 근사한 농장을 상상하고 찾아간 탐방객들은 주변 환경을 보고 좀 실망할 수도 있다. 나 역시 최초 커피 산지 투어라는 명분을 내세워 애써 위안을 한 것도 사실이다. 이 농장에서는 커피축제까지 열고 있다. 솔직히 가장 궁금한 것은 한국산 커피 맛이었다. 제주의 바

람과 제주의 땅에서 우리의 손길을 받고 자란 커피의 맛이 참으로 궁금했다. 하지만 아쉽게도 작년에 수확한 커피는 다 소진되고 올해 농장에서 직접 생산한 커피가 아직 없단다. 아, 진정 대한민국 커피를 마셔볼 수 없단 말인가! 농장을 둘러보고 하얀 재스민향이 나는 커피 꽃을 보면서 아쉬운 마음을 달래야만 했다.

농장 관계자는 커피 재배에 대해서 이것저것 이야기를 해 줬다. 커피나무 키우기가 여간 어려운 게 아니라고 호소한다. 한눈에 보기에도 나무가 건강하지 않아 보인다. 특히 커피는 30도 이상 나가는 고온이나 5도 이하의 저온을 싫어해서 우리나라의 여름과 겨울은 커피 재배에 적합한 날씨가 아니라고 한다.

비닐하우스 옆으로 공터가 조금 있고 컨테이너를 개조한 듯한 카페에서 커피를 팔고 있다. 나무데크에서는 마스터인 듯한 사람이 열심히 로스팅을 하고 있다. 그래도 우리나라를 대표하는 커피 농장이 아닌가. 이러한 의미 있는 농장에서 커피를 마시는 것도 의미 있는 일이 아닌가 싶다. 수많은 커피 선각자들 역시 외국의 커피 농장을 다니면서 실망도 하고 때로는 경외도 하면서 커피를 배우지 않았겠

는가. 날씨가 더워서 장시간 찬물로 우려내는 더치 커피를 시켰다. 얼음과 함께 시원한 체리빛 커피가 먹음직스럽다. 저 커피가 코리아 커피였으면 얼마나 좋았을까. 아쉬웠지만 그래도 시원한 더치 한 잔이 서운한 마음을 위로해 줬다. 부디 이러한 열정으로 우리나라에서도 맛있는 커피가 생산이 됐으면 하는 바람이다. 한국 커피를 마셔보기 위해 다시 한 번 와야겠다고 생각하며 커피 농장을 나섰다. 나도 이제 커피 산지를 한 번은 둘러본 것이기에 자화자찬 격으로 커피 등급을 한 등급 올려야 될 것 같다.

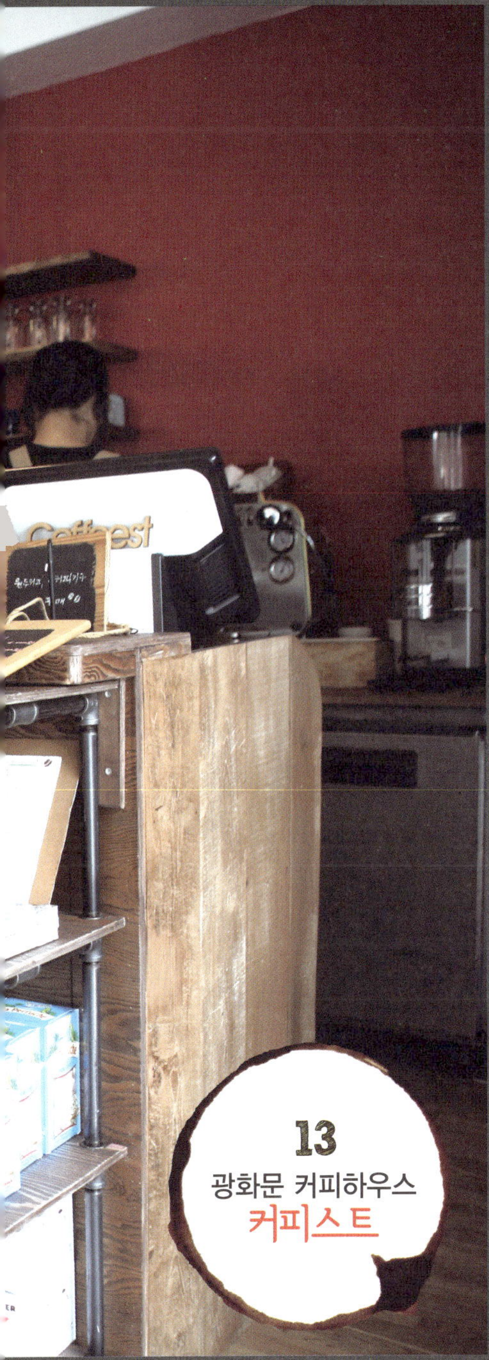

13
광화문 커피하우스
커피스트

* 광화문 커피스트
주소 서울특별시 종로구 경희궁길 39
전화 02-773-5555

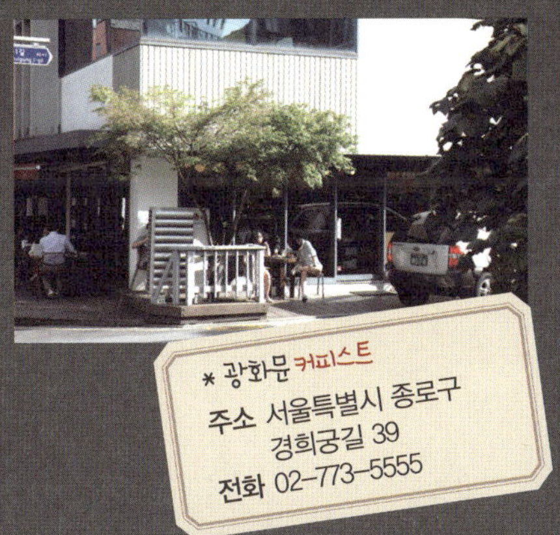

광화문에는 맛있는 카페가 많다. 광화문역 지하에 자리한 이정기와 함께 하는 광화문 커피집, 지방 경찰청 옆쪽에 있는 나무사이로, 예전 한국일보 쪽에 있는 테라로사, 그리고 서촌의 광화문 커피, 성곡 미술관 앞에 있는 커피스트까지. 사무실이 이러한 환경에 있다 보니 언제든지 내 입맛에 맞는, 아니면 상대방 입맛에 맞춰서 카페를 고를 수 있다. 물론 여기에서 언급되지 않은 카페도 많다.
광화문은 나에게 있어서 정말로 각별한 곳이다. 처음 창업한 사무실이 세종문화회관 뒤쪽 허름한 건물에 있었다. 지금은 헐려서 김&장 법률사무소로 바뀌었지만. 또한 지금까지 늘 광화문에서 여행을 출발해 왔다. 우리나라 도로원점 표지석이 있는 곳에서 매주 패키지여행을 떠나고 있으니 의미 있는 장소에서 출발하는 셈이다. 이러다 보니 내 인생은 늘 광화문 언저리에서 맴돌고 있지 않나 싶다.
그래서 서울의 어느 곳보다 광화문을 사랑한다. 밖으로 나가면 언제고 반가운 얼굴들을 마주할 수 있다. 인사동이나 북촌까지 걸어갈 수 있으며, 요즘 뜨고 있는 서촌도 길 하나만 건너면 있다. 또한 경복궁과 광화문 광장, 청계천, 경희궁과 덕수궁까지. 사방 어디를 가도 문화재와 관광거리가 넘쳐나니 광화문을 사랑하지 않을 수가 없다.
그래서 언제든 광화문이라는 말만 들어도 정겹다. 내 집 같기도 하고, 내 안마당 같기도 하다. 이문세의 '광화문 연가'를 들을 때면 왠지 옛 추억이 생각나서 커피 한잔을 마셔야 될 것만 같다는 사람

들도 많다. 이렇듯 광화문은 누군가에게는 추억의 공간이자 애틋함과 친숙함을 느낄 수 있는 곳이기도 하다.

커피에 빠지기 전까지는 성곡미술관에서 커피를 마셨지 바로 앞에 있는 커피스트에 가 본 적은 한 번도 없었다. 늘 지나 다니면서 '저 카페는 왜 저렇게 장사가 잘 되지?' 생각만 했다. 이왕 커피를 마실 거면 자연환경이 훨씬 아름다운 미술관의 작은 카페가 낫다고 생각한 것이다. 하지만 커피에 빠지고 나서 유명한 카페를 찾아다니다 보니 사무실 바로 옆에 있는 커피스트가 전국적으로 유명하다는 것을 알게 됐다. 이런! 등잔 밑이 어둡다더니.

커피스트는 한적한 골목길에 있는 카페이다. 서울 역사박물관에서 북쪽으로 방향을 잡아서 쭉 들어가다 보면 도심 한복판에 이렇게 조용한 동네가 있을까 싶게 한적하다. 바로 이곳에 커피스트가 자리 잡고 있다.

커피스트의 마스터는 대원사에서 발간한 『커피』라는 책의 저자이기도 하다. 가격도 저렴하고 커피에 대한 세세한 내용이 잘 요약돼 있어서 커피 입문서로도 좋을 듯싶다.

커피스트는 갈 때마다 사람이 많다. 일요일 오후쯤이면 사람이 별로 없을 것이라 생각하고 오랜만에 찾아 갔는데, 거의 모든 테이블이 꽉 차 있다. 마침 입구 쪽에 2인석 테이블이 하나 비어서 가방을 놓고 앉는다. 혼자 가는 카페가 익숙하지만 커피스트는 왠지 어색하다. 아마도 장소가 좀 좁아서 그런 것 같다. 하지만 많은 사람들이 안정되고, 편안한 모습으로 커피를 마시고 있다. 대부분이 커피스트의 단골인 듯하다.

카페는 작지만 바리스타만 3명이 근무하고 있다. 오늘의 주문 메뉴는 코스타리카. 바리스타는 케냐 커피를 추천했는데, 왠지 그냥 코스타리카가 당겨서 주문했다. 주문을 하고 나서도 계속해서 손님이 들어온다. 2인용 자리에 앉아 있으려니 괜히 미안하다. 바가 있기는 한데, 한 네 명 정도밖에 앉을 수가 없다. 이미 두 명의 여자가 자리를 잡고 있어서 그 사이에 끼어서 마실 용기가 나지 않았다.

주문한 커피가 나왔다. 중국식 청화백자로 만든 클래식한 커피 잔이다. 코스타리카 커피! 습관적으로 향을 먼저 음미하고 커피를 마신다. 예전에 여기서 마셨던 만델링처럼 묵직한 바디감은 아니지만 적당히 쓴맛하며 깔끔한 신맛이 잘 어우러져서 역시 명성대로 맛있는 커피다.

그렇다. 이러한 맛을 계속해서 유지하고 있으니 이렇게 손님들이 많은 것이다. 늘 느끼는 거지만 이곳 카페 마스터야말로 장사에 도가 튼 사람이다. 이러한 카페는 단골들과 명성을 접하고 찾아오는 손님들이 합해져 계속해서 불어나는 구조이다. 마치 〈배철수의 음악캠프〉가 수십 년째 그 자리를 유지하고 있는 것과 같은 이치일 것이다.

조심스럽게 사진을 찍어도 되냐고 묻는다. 순하게 생긴 바리스타가 기분 좋은 미소를 지으며 얼굴만 나오지 않게 찍어 달란다. 카페 안에는 만화책과 커피 기구들이 많은 듯하지만 그 안에서 나름의 질서가 유지되고 있다.

커피가 금세 바닥을 드러낸다. 이럴 때 가장 절실한 것이 리필 아니겠는가! 하지만 드립 커피를 전문으로 하는 카페에서 리필을 기대하기는 힘들다. 왜냐하면 그만큼 원두의 가격과 내리는 퍼포먼스가 만만치 않기 때문이다. 하지만 커피스트에 가면 이러한 걱정을 안 해도 된다. 한 잔의 커피가 아쉬운 사람들에게 리필을 해 주기 때문이다. 커피스트에서 자체 블렌딩한 원두로 한 잔을 더 내려준다. 누구의 표현에서 시작된 것인지는 모르겠지만 '드립한다', '추출한다'란 말보단 '커피를 내린다'는 표현이 참 좋다. 이렇게 리필을 해 주는 곳에선 겸손하고 따뜻한 마음이 느껴진다. 고객의 마음을 잘 아는 것이기 때문에. 그래서 커피스트에 갈 때면 그 하심(下心)하는 마음에 흐뭇하다.

세상을 살다보면 강한 것이 늘 이길 것만 같지만 사실 물처럼 부드러운 자가 결국에는 승리한다. 물이 낮은 데로 흐르듯 낮은 마음으로 살아간다면 세상은 훨씬 따뜻해질 텐데……. 일요일 오후, 하심을 생각하면서 햇살 가득 들어오는 커피스트를 나섰다.

주차금지
132

내 인생 최고의 커피는?
아마도 부암동 클럽에스프레소에서 마셨던 예멘 모카 사나니가 아니었나 싶다. 어쩌면 그날의 기운, 함께한 사람, 전체적인 카페 분위기와 최상의 원두로 잘 내려진 커피가 복합적으로 어우러졌을 것이다. 어찌 됐든 한 잔의 커피에 감격해 본 적은 그날 이후로 아직까지 없다.

이유를 곰곰이 생각해 보지만 쉽지가 않다. 어쩌면 예전 고등학교 때 지리산 종주에 나섰다가 벽소령 정상에서 맛 본 그 천상의 감동과 비교할 수 있을 듯싶다. 물론 전체적인 감동의 무게에 있어서는 비할 바가 아니지만. 지리산에서의 감동을 잊을 수 없듯이 커피 맛에 관해서 처음으로 감동을 받았던 부암동 클럽에스프레소를 잊을 수가 없다. 이후 부암동에 갈 때마다 카페에 들러 커피를 마시지만 왜인지 그때의 감정을 느낄 수가 없다. 여전히 커피는 맛있지만 말이다.

뜬 바위 부암동! 북악 서쪽으로 자리 잡은 마을이다. 사방으로 멋진 산들이 조망되면서 많은 사람들이 부암동을 찾고 있다. 서울에 산이 많다는 것을 여실히 느낄 수 있는 곳이기도 하다. 하지만 도로나 동네가 협소한 관계로 가급적이면 대중교통을 이용하는 것이 좋다. 부암동이 먼저 뜨기 시작하다가 요즘에는 서촌이 부상하고 있다. 주말이면 서촌과 부암동에 가기 위해서 버스를 기다리는 사람들로 경복궁역 주변이 북새통이다. 걷는 것을 좋아한다면 사직단에서부터 인왕산 산책로를 따라 걸어가는 것도 좋다. 아니면 청와대를 구경하고, 청운중학교 쪽으로 올라가는 것도 추천할 만하다.

서울

부암동에 갈 때면 가끔씩 찾는 곳이 있다. 클럽에 스프레소 삼거리에서 상명대 방향으로 가다 보면 서울미술관이 나온다. 강북에서는 그래도 유명한 미술관이다. 미술관 표를 끊으면 대원군 별장이었던 석파정까지 둘러 볼 수가 있어서 좋다. 기품 있게 지어진 한옥을 감상할 수 있어 인기가 많다. 이렇듯 부암동은 여기 저기 볼거리가 많아서 한나절이 금세 가고 만다.

오르락내리락 하다 보면 배도 고프고 목도 축여야 할 때가 온다. 이럴 때는 부암동 초입에 있는 자하손만두나 최근에 생긴 맛집들을 방문하여 요기를 하면 좋을 듯싶다. 식사를 한 다음 추천하는 카페로는 두 곳 정도가 있다.

우선 클럽에스프레소이다. 최근에 리모델링을 하여 시스템이 조금 바뀌었다. 예전의 투박한 나무 인테리어가 좋았다고 하는 사람들도 많다. 그때는 클레버라는 시스템으로 커피를 내렸었는데, 지금

은 드립 커피를 팔지 않고 있다. 일회용 컵에 싱글 오리진부터 다양하게 조제한 커피까지 종류는 많아졌지만 어쩐지 예전 그 오래된 카페의 분위기나 느낌이 없어져 버린 것 같아 너무도 아쉽다. 커피 마스터가 어떤 생각으로 바꿨는지는 잘 모르겠지만 특히 2층의 인테리어가 썩 마음에 와 닿지 않아서 아쉬운 마음이 더욱 크다.

하지만 좋게 생각하련다. 왜냐면 내 인생 처음으로 가장 강렬하고 감동적인 커피를 이 장소에서 마셨기 때문이다.

드립 커피가 없어 비엔나커피를 한잔 시켰다. 아침부터 싱글 커피를 몇 잔 마셨던 탓에 속이 좋지 않아서 휘핑크림이 올라가는 커피를 시킨 것이다. 그래도 한때는 소비주의의 상징이었던 비엔나커피인데, 근사한 커피 잔이 아닌 일회용 테이크아웃 잔에 장식을 하니 영 자세가 안 나왔다. 시각적인 맛이 이렇게 중요하다는 것을 새삼 느낀다.

부암동 클럽에스프레소에서는 이제 로스팅을 하지 않는다. 외부 로스팅 공장에서 콩을 볶는다고 한다. 그래서 예전처럼 로스팅하는 모습도 볼 수 없다. 그래도 한 가지 다행인 것은 여전히 원두가 신선하고 좋아서 오늘의 커피도 그런대로 만족스럽다는 것이다. 아마도 더 많은 사람들에게 질 좋은 커피를 싼값에 제공하기 위해 지금의 시스템으로 바꾼 듯하다. 세상은 늘 변화하는 것이니 이렇게 바뀐 클럽에스프레소도 담담하게 받아 들여야 될 듯싶다. 그래, 부암동이 너무 뜬 게야!

부암동에 가면 꼭 한번 들러보라고 추천하는 카페가 하나 더 있다. 이름하야 라 카페!

동양 방앗간에서 오른쪽 언덕길을 따라 올라가다 보면 왼편으로 라 카페 갤러리라는 간판을 볼 수 있다. 빨간색이 도드라져서 금방 찾을 수 있다. 길 아래쪽에 카페가 있기 때문에 조심스럽게 계단을 타고 내려가야 된다. 작은 텃밭도 정겹다. 그 텃밭을 돌아가면 근사한 라 카페 갤러리가 나온다. 오른쪽으로는 작은 전시관이 있고, 왼편에 아담한 카페가 있다. 내부가 온통 짙은 녹색으로 칠해져 있어서 마치 숲 속에서 커피를 마시는 듯하다.

라 카페가 각별한 것은 나눔을 실천하는 카페이기 때문이다. 정부 지원금이나 대기업 후원 없이 수천 명의 회원으로 살림을 꾸려 나가는 순수 민간 나눔 단체에서 운영하는 카페인 것이다. 여기서 나오는 수익금은 전액 소외계층이나 전 세계 어린이들에게 희망을 나누는 기금으로 쓰인다.

커피 한 잔을 마시면서 소소한 이야기를 나누는 것도 좋지만 갤러리에 전시되고 있는 시인이자 휴머니스트 박노해 선생의 사진전을 보는 것은 늘 감동이다. 그는 전 세계 분쟁지역이나 소외된 계층을 찾아다니면서 사진을 찍고, 그들의 삶을 진심으로 아파하며 푼푼이 모아진 기부금을 나누는 성직자와 같은 분이다. 선생처럼 가기 쉽지 않은 길을 용기 있게 가는 사람들이 많이 나왔으면 한다.

나 역시 박노해 선생을 보면서 내 삶을 반성한다. 어쩌면 저리 살 수가 있을까. 단렌즈만으로 세상을 바라본 선생의 흑백 사진을 보면서 유병언의 어른 다리통만 한 망원렌즈가 떠오른다. 과연 누구의 시선이 사람의 마음을 움직이고, 감동을 전하겠는가. 부암동에 가면 다른 길이 있어서 행복하다. 클럽에스프레소에서 마셨던 예멘 모카 사나니의 감동도 오래 가겠지만 여러 사람의 정과 사랑, 나눔으로 버무려진 라 카페의 차 한 잔도 오랜 여운으로 남을 것이다. 이제부터 부암동은 나눔이다.

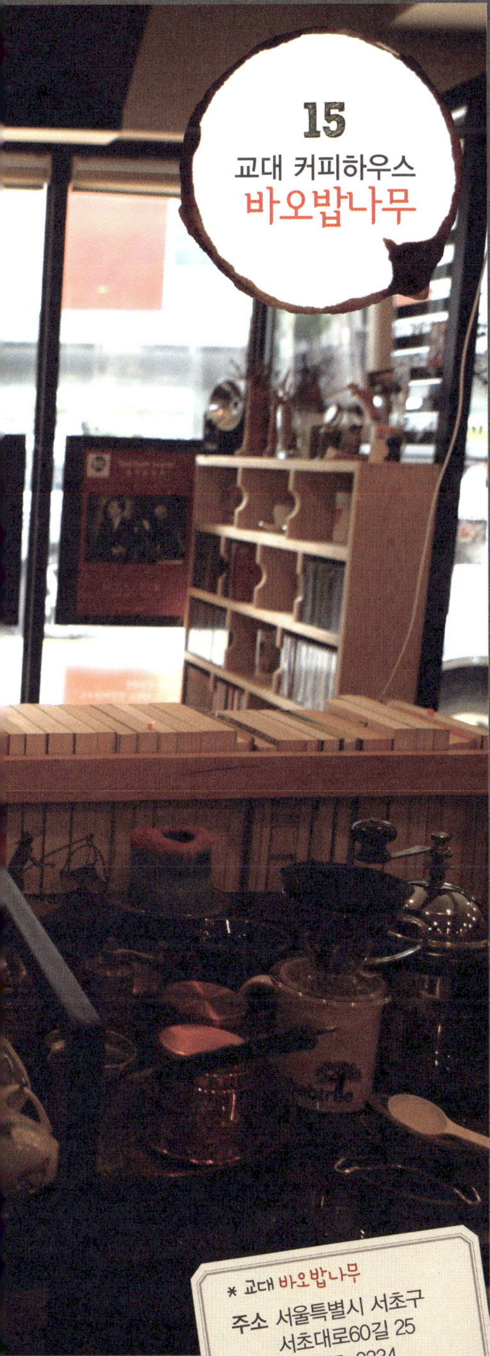

15
교대 커피하우스 바오밥나무

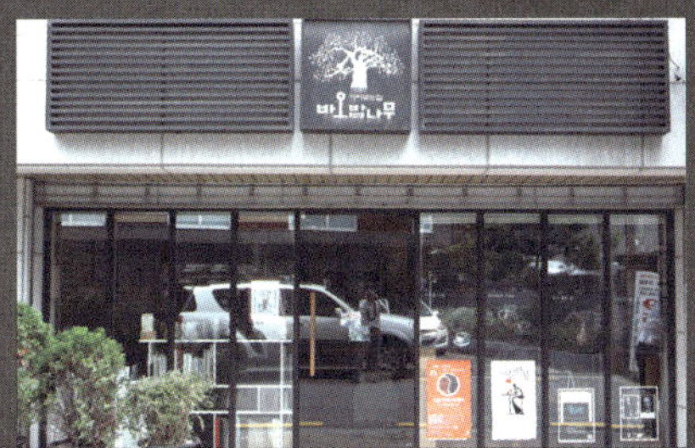

커피가 정말로 끌리는 날이 있다. 특히 비가 오거나 눈이 내리는 날, 이런 날에는 꼭 맛을 떠나서 분위기 때문에 훨씬 더 감성적이고 감각적인 음료가 된다. 세상을 살아가면서 무언가에 끌린다는 것만큼 가슴 뛰는 일이 또 있겠는가. 이성에 끌리는 것은 물론 아름다운 자연에 끌려서 산에 들어가고, 여행을 떠나기도 한다. 이렇듯 우리는 무언가에 끌리는 것 때문에 세상을 재미있고 가치 있게 살아가는 건지도 모른다.

내가 커피에 빠진 것도 별 것 아닌 것 같은 까만 음료에 끌렸기 때문이다. 커피가 끌릴 때 찾고 싶은 카페가 있다. 바로 교대 바오밥나무이다. 도심 골목에 자리 잡은 조그마한 카페지만 커피향만큼은 세상 그 어느 곳보다 농도가 짙다.

세상에는 수많은 향기가 있다. 사람에게서 나는 향도 각자 다 다르다. 정말 군더더기 없는 매화의 향을 닮은 사람도 있고, 허브처럼 강렬한 향을 가진 사람도 있다. 인공적인 향수 같은 것을 이야기함이 아니고, 내면적인 향기를 말함이다. 커피도 마찬가지이다. 다 비슷한 향기 같지만 분명 원두마다 고유의 향을 가지고 있다. 오래된 카페의 매력은 이러한 향이 짙다는 것이다. 그날 볶아서, 그날 분쇄돼서 나는 향일 수도 있지만 오랜 연륜에서 배어나는 그윽한 향까지 더해져 더욱 깊어지는 것이다. 초가을 공원을 산책하다 보면 공원 관리를 하는 분들이 예초기로 풀을 베는 것을 볼 수 있다. 이때 맡을 수 있는 아주 진한 풀냄새가 참 좋다. 그렇다. 커피든 풀이든 사람이든 간에 인생의 마지막 순간, 가장 강력하고 고귀한 향을 남기나 보다. 나는 과연 죽을 때 어떤 향을 남기고 떠날까. 두렵기까지 하다. 길거리에 널린 하찮기만 한 풀도, 숱하게 마

* 교대 바오밥나무
주소 서울특별시 서초구 서초대로60길 25
전화 02-585-3334

셨던 분쇄된 커피의 향도 인간에게 감미로운 향을 선사하는데, 하물며 사람이라야 다르겠는가. 어떻게 살다가 가는 생이 바르고 향기 나는 삶일까? 교대 바오밥나무에 처음 갔을 때, 그 밀도 높은 묵직한 커피향을 잊을 수가 없다. 여전히 바오밥은 그 자리에 있었다. 아침시간이어서 손님이 아직 없다. 케냐커피를 한잔 시켰다. 이종신 마스터가 직접 커피를 내려주신다. 아프리카 특유의 달달한 향이다. 신맛도 많이 난다. 그래도 커피를 진하게 내려줘서 맛있게 한 잔을 비웠다.

예전에는 사모님만 계셨는데, 오늘은 마스터와 착하게 생긴 직원 한 명이 더 있다. 전국의 카페를 다니면서 굳이 마스터와 인터뷰를 잡거나 의무적으로 만나려 하지 않았다. 마스터가 있으면 말 한마디 나눠보고, 없으면 그냥 내 방식대로 커피를 즐기다 와서 글을 썼다. 이곳에는 마침 커피마스터가 있어서 간단한 인터뷰를 했다. 머리가 허옇고 수염도 멋지게 나신 분이다. 옆집 동네 아저씨처럼 수수한 외모가 부담이 없다. 그에게서 이런저런 커피 이야기를 들을 수 있었다.

그는 2001년 지금의 이 자리에 카페를 차렸다고 한다. 그전에는 무역회사에 다니다가 창업을 한 것이다. 처음 커피를 시작할 때는 현재 광화문에서 카페를 운영하고 있는 이정기 선생에게 로스팅과 커피에 대해서 배웠다고 한다. 지금 그의 나이가 66세이니까 이정기 선생과 연배가 비슷하실 것이다. 배움에 있어서 나이가 무슨 상관이겠는가.

커피에 대해서 궁금했던 한 가지를 물었다. 미세하게 차이가 나는 커피향을 잘 모르겠다고 하니 당연하다고 하신다. 수없이 많은 노력을 통해서 향기를 터득한다는 것이다. 커피 감별사들이 36가지 아로마 키트 훈련을 한다는 것도 처음 들었다. 그렇다. 그러한 훈련 없이 어떻게 커피 전문가가 될 수 있겠는가.

다음으로는 음악 이야기를 빼놓을 수가 없었다. 카페 안에 많은 LP와 클래식 CD가 있는데, 언제부터 클래식에 빠지셨는지 물었다. 그러자 의외의 대답이 돌아왔다. 무역회사에 다닐 때 거래처 여직원이 클래식을 듣다가 이 곡이 어떤 음악인지 묻자 아무 대답을 할 수가 없었단다. 어찌나 창피했는지 그 길로 공부를 하기 시작했다고 한다. 내 생각으로는 분명 그 여직원이 마음에 있으셨던 듯하다. 어쨌든 그때부터 클래식을 듣기 시작했고, 지금도 교대 바오밥나무의 가장 큰 자산이자 키워드가 되고 있다.

넓지 않은 카페 안에 50년 이상 된 음향기기가 자리 잡고 있다. 음악이 참 좋다. 커피와 클래식, 참 잘 어울리는 조합이다. 지금 이 순간 바흐의 '커피 칸타타'를 들으며 글을 쓴다. 특히 조수미가 부르는 '커피 칸타타'는 정말 좋다. 바흐는 얼마나 커피를 사랑했기에 감미로운 커피를 주제로 곡까지 썼을까? 하기야 나도 마찬가지 아닌가. 이렇게 커피에 대해 이야기하고 있으니 말이다.

사람마다 자신만의 취미 호사가 있을 것이다. 어떤 사람은 자전거를 타거나 골프를 치면서 행복을 느끼고 또 어떤 부류는 음악을 들으면서 차 한 잔 마시는 때가 가장 행복한 시간일 것이다. 교대 바오밥나무에선 맛있는 커피 한잔을 마시며 좋은 음악을 들을 수 있어서 좋다. 거기다 한쪽 벽면에는 화가들의 그림이 전시되고 있으니 예술을 사랑하는 사람들에게는 더할 나위 없이 좋은 카페가 아니겠는가. 그래서 작가들이나 예술가, 그리고 음악 하는 사람들이 이 카페를 더욱 사랑하는 것인지도 모른다.

마지막으로 꿈이 무엇이냐고 물었다. 한자리에서 지금까지 카페를 지켜왔지만 앞으로 여유가 된다면 자연이 아름다운 곳에서 음악과 미술을 좋아하고, 사람을 사랑하는 사람들이 찾아와서 커피를 이해하고 즐기는 커피하우스를 만들고 싶다고 한다. 나 역시 꼭 그 소원이 이뤄지기를 빌어본다.

분명 이종신 마스터의 끝은 은은한 커피향으로 가득할 듯싶다. 이것저것 한 눈 팔지 않고 오로지 커피만을 사랑한 커피 장인에게서 나는 그런 향 말이다.

Regular Coffee
Baobab Blended Coffee   바오밥 블렌드   ₩ 5,500
Columbian Supremo   콜롬비아 수프리모   ₩ 5,500
Tanzania Peaberry   탄자니아 피베리   ₩ 5,500
Brazil Cerrado   브라질 세하도   ₩ 6,000
Sumatra Mandheling   수마트라 만델링   ₩ 5,500
Ethiopian Mocha   에티오피아 모카   ₩ 5,500
Costa Rican SHB   코스타리카 SHB   ₩ 6,000
Guatemala Antigua   과테말라 안티구아   ₩ 6,000
Dominican   도미니칸   ₩ 6,000
Kenya AA Top   케냐 AA Top   ₩ 7,000

Iced Coffee & Iced Tea
Iced Coffee   아이스 커피   ₩ 6,000
Iced Latte   아이스 라떼   ₩ 6,000
Iced Mocha   아이스 모카   ₩ 7,000
Iced Cocoa   아이스 코코아   ₩ 6,000
Iced Tea   아이스 티 (복숭아)   ₩ 6,000
Iced Green tea   아이스 녹차   ₩ 6,000
Iced Green tea Latte   아이스 녹차 라떼   ₩ 6,000

Juice & Other cold fair
Pumpkin Shake   단호박쉐이크   ₩ 7,000
Banana Shake   바나나쉐이크   ₩ 7,000
Homemade Lemonade   집에서 담근 레몬에이드   ₩ 8,000
Homemade Citronade   집에서 담근 유자에이드   ₩ 8,000
Milk   우유   ₩ 5,000

Hot Drink
Green tea Latte   녹차 라떼   ₩ 6,000
Cocoa   코코아   ₩ 6,000
Citron tea   집에서 담근 유자차   ₩ 6,000
Homemade Lemon tea   집에서 담근 레몬차   ₩ 6,000
Black tea   홍차   ₩ 5,000
Chai   밀크티   ₩ 5,000

커피향 가득한 길 위의 낭만

여행, 커피에 빠지다

초판 1쇄 | 2014년 10월 27일

지은이 | 류동규

발행인 겸 편집인 | 유철상
책임편집 | 홍은선
교정 · 교열 | 홍은선
디자인 | Luna Design
마케팅 | 조종삼, 남유니

펴낸 곳 | 상상출판
주소 | 서울시 동대문구 정릉천동로 58, 306호(용두동, 롯데캐슬피렌체)
구입 · 내용 문의 | 전화 070-8886-9892~3 팩스 02-963-9892
이메일 | cs@esangsang.co.kr
등록 | 2009년 9월 22일(제305-2010-02호)
찍은 곳 | 다라니

※ 가격은 뒤표지에 있습니다.

ISBN 978-89-94799-94-0(13980)

© 2014 류동규

www.esangsang.co.kr

앱북으로 만나는 세계여행 **셀프 트래블 시리즈**

한국인이 쓴 한국인을 위한 셀프 트래블은 실속 있고 감성적인 여행정보를 담은 **프리미엄 가이드북**입니다.

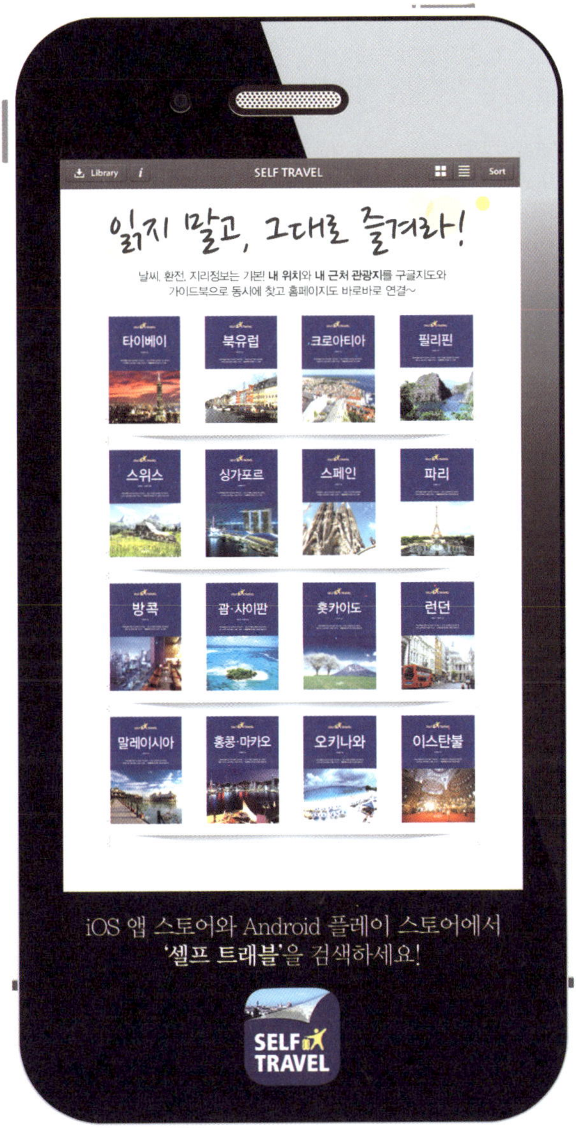

(주)테마캠프여행사의 또다른 이름..

행/복/충/전/소 입니다.

앞서가는 상품기획과 행사진행 노하우로 국내여행을 선도하겠습니다.

20~30대 젊은 층부터 가족단위까지 전 연령 층의 회원을 확보한 국내여행사로,
내륙 테마여행상품을 직접 기획하고 진행하는 국내 전문 여행사이다.

테마여행, 섬 여행, 체험여행, 현장학습 여행, 수학여행, 인센티브 등
월별 50가지 이상의 다양한 패키지를 진행하고 있으며,
하나투어, 모두투어, 노랑풍선, 롯데JTB, 웹투어, 롯데관광 등
국내 유수의 여행사와 업무제휴를 통해 상품을 판매하고 있다.